淮河流域
地表水中氟化物分布
与成因初探

马 威　樊孔明　主编

河海大学出版社
HOHAI UNIVERSITY PRESS
·南京·

图书在版编目(CIP)数据

淮河流域地表水中氟化物分布与成因初探 / 马威，樊孔明主编. -- 南京 : 河海大学出版社，2024. 12.
ISBN 978-7-5630-9545-2

Ⅰ. X52

中国国家版本馆 CIP 数据核字第 2025LG1162 号

书　　名　淮河流域地表水中氟化物分布与成因初探
HUAIHE LIUYU DIBIAOSHUI ZHONG FUHUAWU FENBU YU CHENGYIN CHUTAN
书　　号　ISBN 978-7-5630-9545-2
责任编辑　吴　淼
特约校对　丁　甲
装帧设计　张育智　刘　冶
出版发行　河海大学出版社
地　　址　南京市西康路 1 号(邮编:210098)
电　　话　(025)83737852(总编室)　(025)83722833(营销部)
经　　销　江苏省新华发行集团有限公司
排　　版　南京布克文化发展有限公司
印　　刷　广东虎彩云印刷有限公司
开　　本　710 毫米×1000 毫米　1/16
印　　张　8.5
字　　数　150 千字
版　　次　2024 年 12 月第 1 版
印　　次　2024 年 12 月第 1 次印刷
定　　价　78.00 元

淮河流域地表水中氟化物分布与成因初探

主　　编：马　威　樊孔明

主要编写人：闻　飞　曾凤连　邵子纯　高龙健　李　丹
邵春花　汪智群

参 编 单 位：生态环境部淮河流域生态环境监督管理局生态环境监测与科学研究中心
淮河水利委员会水文局
山东省济宁生态环境监测中心
山东公用控股有限公司
安徽淮河水资源科技有限公司

前言 | Preface

长期以来，氟化物含量是淮河流域地表水和地下水中主要污染指标之一，氟化物的区域性污染问题较为突出。生态环境部淮河流域生态环境监督管理局监测与科研中心在长期开展淮河流域地表水及地下水的水环境质量监测工作中，取得了大量的水质监测数据，对流域氟化物浓度和污染状况了解较为全面。根据长期的检测数据分析，淮河流域内的地下水氟化物指标存在区域性、长期性超标问题。在一些特定区域，由于地质等原因，导致地表水中氟化物存在经常性超标现象。

为落实水生态环境监督管理的科学化与精准化，生态环境部办公厅印发了《地表水和地下水环境本底判定技术规定（暂行）》（环办监测函〔2019〕895 号）文件。自 2021 年以来，生态环境部陆续组织开展了六轮次国考断面环境本底判定工作，慎重地评估并认定了个别指标受环境本底影响的国控断面。生态环境部淮河流域生态环境监督管理局监测与科研中心指导了淮河流域内高氟地区的环境部门开展地表水国控断面氟化物环境本底值的申请判定工作，先后有 18 个国考断面通过了氟化物的环境本底值认定。在前期工作经验基础上，生态环境部办公厅于 2024 年印发了《地表水环境质量受自然因素影响判定技术规定》（环办监测函〔2024〕174 号）文件替代原文件，旨在支撑持续深入打好污染防治攻坚战，合理区分人为活动和自然因素对地表水环境质量的影响。为掌握淮河流域地表水环境中氟化物环境本底水平、地表水和地下水氟化物浓度水平和变化规律，科学支撑水环境决策与管理，生态环境部淮河流域生态环境监督管理局监测与科研中心收集整理了通过氟化物本底值认定的断面情况，组织有关单位编写了《淮河流域地表水中氟化物分布与成因初探》，系统地分析了淮河流域地表水中氟化物含量变化情况，针对地表水中氟化物高值区的形成进行了原因分析，指出了淮河流域部分区域地表水中氟化物主要受到环境本底的影响。

对地表水中氟化物高值区分析与认定十分必要，不仅有利于国家层面开展科学分析，更有利于地方环境保护部门开展精准治理。本书中地表水氟化物所述高氟区均是生态环境部评审认定的国考断面区域。编者希望本书能为水生态环境保护工作者提供一定的参考与治理思路。本书的成稿是全体编写人员集体智慧的结晶，生态环境部淮河流域生态环境监督管理局监测与科研中心马威负责组织编写，曾凤连、邵子纯负责主要章节的编写；淮河水利委员会水文局(信息中心)樊孔明参与组织编写；山东省济宁生态环境监测中心、山东公用控股有限公司以及安徽淮河水资源有限公司有关人员参与编写了本书。除本书主要编写组成员外，相关地方环境保护部门在资料查询等方面也付出努力与协助，感谢他们的支持与帮助。同时，感谢出版社工作人员为本书出版付出的辛勤劳动。还有为本书内容提供资料以及修改建议的诸多同行朋友，在此一并表示感谢。

由于时间仓促，编著者水平所限，有些观点或说法可能存在不妥，错误也难避免，敬请读者批评指正。

编　者

2024 年 4 月

目录
CONTENTS

第一章　淮河流域概况 …… 001

第一节　淮河流域基本情况 …… 003
第二节　主要地理特征 …… 008
第三节　淮河流域主要水系 …… 013

第二章　地表水氟化物及其监测与评价 …… 021

第一节　地表水氟化物概况 …… 023
第二节　氟化物检测方法与评价 …… 029

第三章　淮河流域地表水氟化物含量及评价 …… 035

第一节　氟化物含量 …… 037
第二节　氟化物评价 …… 045

第四章　氟化物高值区及成因 …… 047

第一节　胶莱盆地区域 …… 050
第二节　鲁西南区域 …… 064
第三节　皖北区域 …… 082
第四节　豫东区域 …… 095
第五节　其他区域 …… 106

第五章　总结与讨论 …………………………………………………… 111

第一节　总结 ………………………………………………………………… 113
第二节　讨论 ………………………………………………………………… 116

参考文献 …………………………………………………………………… 119

附件 1　地表水和地下水环境本底判定技术规定(暂行) ……………… 122
附件 2　地表水环境质量受自然因素影响判定技术规定 ……………… 125

第一章

淮河流域概况

第一节

淮河流域基本情况

1. 气候特征

自古以来，淮河就是我国东部地区的一条南北方地理分界线。淮河流域地处我国南北气候过渡带，淮河以北属暖温带半湿润季风气候区，淮河以南属北亚热带湿润季风气候区，淮河流域气候温和，四季分明，以淮河和苏北灌溉总渠将流域气候分区。在春季，由于东北季风逐渐减弱，而西南季风逐渐增强，导致流域降雨量也增大；夏季主要以西南季风为主，也带来了大量的降雨；到了秋季，西南季风又逐渐减弱，降雨也随之减小；到了冬季，流域内偏北季风占主导作用，降雨较少，年平均气温为 11～16℃。流域内自北往南形成了暖温带向亚热带过渡的气候类型，冷暖气团活动频繁，降水量变化大，气温由北向南、由沿海向内陆递增。极端最高气温达 44.5℃，极端最低气温为－24.3℃。蒸发量南小北大，年平均水面蒸发量为 900～1 500 mm，流域年平均相对湿度 66%～81%，南高北低、东高西低。无霜期 200～240 天。

淮河流域降水量在地区分布上不均匀，总体上是南部大于北部、山区大于平原、沿海大于内陆。降水量年际变化大，年内分布不均匀，淮河上游和淮南山区的雨季集中在 5—9 月，其他地区集中在 6—9 月。淮河流域暴雨多集中在 6—9 月，其中 6 月份暴雨主要在淮河流域南部山区；7 月份全流域出现暴雨的概率大体相等；8 月份西部伏牛山区、东北部沂蒙山区和东部沿海地区暴雨相对增多；9 月份流域各地暴雨减少。由于暴雨移动方向接近河流方向，使得淮河流域容易造成洪涝灾害。

淮河流域多年平均降水量约为 888 mm，其中淮河水系 910 mm，沂沭泗水系 836 mm。多年平均降水量的分布状况大致是由南向北递减，山区多于平原，沿海大于内陆。淮河流域内有三个降水量高值区：一是伏牛山区，年平均降水量为 1 000 mm 以上；二是大别山区，超过 1 400 mm；三是下游近海区，大于 1 000 mm。

流域北部降水量最少，低于 700 mm。降水量年际变化较大，最大年雨量为最小年雨量的 3～4 倍。降水量的年内分配也极不均匀，汛期（6—9 月）降水量占年降水量的 50%～80%。

淮河流域的径流主要受降雨影响，因此径流深的变化趋势也很复杂。年际径流深变动幅度较大，一般来说，年均径流深是 230 mm，其中淮河水系的年均径流深为 237 mm，沂沭泗水系的年均径流深为 215 mm。对于年内径流，整体上南部径流深较大，而北部径流深较小，且沿海区域大于内陆区域；在同一纬度上，山丘区的年均径流深也大于平原地区，而年内径流主要集中在 6—9 月，大约为流域年内径流的 50%～80%。

淮河流域地下水可分为平原区土壤孔隙水、山丘区基岩断裂构造裂隙水和灰岩裂隙溶洞水三种类型。平原区浅层地下水是淮河流域地下水资源的主体。流域西部为古淮水系堆积区，厚度在 10～60 m，地下水埋深一般在 2～6 m；东部历史上受黄泛影响，为黄河冲积平原的一部分，砂层厚度一般为 10～35 m，自西向东渐减，地下水埋深 1～5 m。苏北淮安、兴化一带冲积-湖积平原区，大部分为淤泥质、砂质黏土，局部有沙土地层，地下水埋深一般为 1～2 m。苏鲁滨海平原地区在沿海 5～22 km 范围内属海相沉积区，岩性为亚沙土，地下水埋深 1～2 m，为氯化钠微咸水或咸水。基岩断裂构造裂隙水主要分布于桐柏山、伏牛山和大别山区，另外在鲁东南山丘区有变质岩风化裂隙，但裂隙水弱，连通性差。裂隙溶洞水主要分布在豫西、鲁东南灰岩溶洞山丘区，在条件适宜的情况下，可以富集有价值的水源。

通过多年统计资料分析，流域的蒸发量在水面和陆地差异较大，水面的年蒸发量一般在 1 060 mm 左右。总体来说，表现出北部大南部小、东部多西部少的特点；而陆地的年蒸发量一般在 640 mm 左右，但整体来说南部较大，北部较小，而东部也较多，西部较少，且平原区明显高于山丘区。

2. 水资源与水质

淮河流域多年平均水资源总量 911.39 亿 m^3，人均水资源占有量不到 500 m^3，仅为全国人均的 1/4，呈现明显的人多水少特征。淮河流域水资源量时空分配不均，年际变化大。

从空间分布看，安徽省和江苏省水资源量较为丰沛，河南省次之，山东省最少，淮河片水资源分布图见图 1-2。从供水和用水结构看，2019 年淮河流域总供水量 641.52 亿 m^3，比多年平均供水量 620.19 亿 m^3 偏多 3.4%，其中地表水源占 74.3%，地下水源占 23.1%，其他水源占 2.6%。总用水量为 641.52 亿 m^3，其中，农田灌溉用水占59.8%，工业用水占13.0%，居民生活用水占11.5%，林牧渔畜用水占6.7%，生态环境用水占5.5%，城镇公共用水占3.4%①。淮河流域水资源开发利用率远超生态警戒线。2019年淮河流域（不含山东半岛）从长江引水103.42亿m^3，较常年增加61.62亿m^3，从黄河引水23.08亿m^3，较常年增加2.09亿m^3，其中河南省引黄12.38亿m^3，山东省引黄10.70亿m^3。山东半岛从黄河引水量23.78亿m^3，较常年增加14.33亿m^3，从长江引水量5.49亿m^3。

2019年，总体上河流最小下泄流量满足程度较低，淮河、涡河、沂河部分断面最小下泄流量满足程度均不足60%，沭河大官庄断面最小下泄流量满足程度仅为4%。2020年较2019年有所改善，淮河干流、洪汝河、沙颍河、史灌河、沂河最小下泄流量满足程度尚可，基本能达到80%以上；涡河满足程度较低，不足40%，沭河个别断面满足程度不足20%。

2020年，淮河流域涡河、浍河、沱河、沭河、洸府河等41条河流存在断流情况。涡河、沿河、洸府河、浍河、沱河、东鱼河、复新河、洙赵新河等23条河流年断流天数在180天以上，主要分布在南四湖流域和淮北平原区。山东半岛地区河流断流干涸情况尤其突出。2019年半岛水系干涸断流的国控断面有25个（占半岛水系总断面数71.4%），小清河水系干涸断流的国控断面有5个（占小清河水系总断面数19.2%），干涸断流季节性明显，多集中在非汛期。其中大沽河、南胶莱河、泽河、白马河、风河、墨水河、小清河等19条河流部分河段干涸断流超过200天，主要在青岛市和烟台市。

淮河流域有381个地表水国控断面，2020年地表水优良（达到或优于Ⅲ类）比例为69.6%，劣Ⅴ类水体比例为1.6%，见图1-1。淮河流域地表水总体轻度污染，主要污染指标为化学需氧量、总磷和高锰酸盐指数。其中，湖北省竹竿河断面为Ⅱ类水；河南省78个断面，地表水优良（达到或优于Ⅲ类）比例为67.9%，劣Ⅴ类水体比例为5.1%；安徽省共90个断面，地表水优良（达到或优于Ⅲ类）比例为64.4%，劣Ⅴ类水体比例为1.1%；江苏省共106个断面，地表水优良（达到或优于Ⅲ类）比例为75.5%，无劣Ⅴ类水体；山东省共111个断面，地表水优良（达到或优于Ⅲ类）比例为68.5%，劣Ⅴ类水体比例为0.9%。

2020年，淮河干流13个断面，全部达到或优于Ⅲ类；南水北调输水干线13个断面中，基本达到或优于Ⅲ类，洪泽湖老山乡断面总磷浓度为0.104 mg/L。49个省界断面，地表水优良（达到或优于Ⅲ类）比例为57.1%；主要超标因子为化学需氧量、高锰酸盐指数和氟化物。

① 本书数据因四舍五入，存在一定偏差。

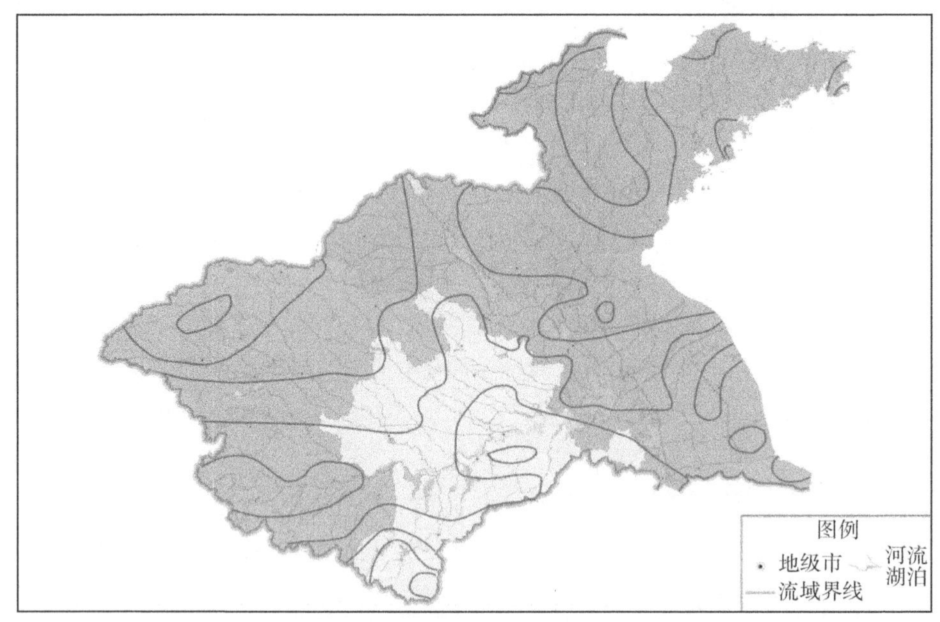

图 1-3　2020 年淮河流域地表水水质类别变化图

2020 年，淮河流域 380 个县级及以上集中式饮用水水源地（含备用），河流型水源地占 22.4%；湖库型水源地占 31.6%；地下水源地占 46%。地下水源地中有 23 个水质不达标，其中安徽省亳州市 6 个，河南省商丘市 13 个，山东省枣庄市、济宁市分别是 1 个和 3 个，主要超标项目为氟化物、硫酸盐和总硬度。

鲁西南、豫东、皖北、苏北地区地下水氟化物超标，南四湖周边地区地表水和地下水硫酸盐含量高，威胁南水北调东线调水水质及饮用水水源安全。历史上黄河泛滥，导致豫东、鲁西南、皖北以及苏北部地下水氟化物超出饮用水标准，威胁以地下水作为水源的城镇饮用水安全。商丘、周口、宿州、菏泽等市地下水氟化物超标，开采地下水作为生产生活用水，加速了地层中氟化物的释放，对地表水水质产生影响。受南四湖湖区氟化物天然背景值高及煤矿等涉盐工业企业排放不达标问题影响，南水北调东线输水干线硫酸盐和氟化物浓度自台儿庄断面进入山东境内后，沿程向北逐渐升高。南四湖二级坝、南阳、前白口断面硫酸盐浓度多次超过 250 mg/L，氟化物接近超标边缘。南四湖湖区及周边部分县级城镇和千人万吨农村地下水饮用水水源地氟化物和硫酸盐超标。

3. 经济社会

淮河流域濒临长三角和环渤海地区，是我国沟通南北、连接东西的重要区域，区位优势明显，流域总人口约 2.3 亿，约占全国总人口的 16%，流域平均人口密度为 696 人/km^2，是全国平均人口密度的 4.9 倍，居各大江大河流域人口密度之首。淮河流域内国内生产总值 1.73 万亿元，人均 0.75 万元。

淮河流域气候、土地、水资源等条件较优越，适宜发展农业生产，是我国重要的粮、棉、油主产区之一，在我国农业生产中已占有举足轻重的地位。淮河流域农作物分为夏、秋两季，夏收作物主要有小麦、油菜等，秋收作物主要有水稻、玉米、薯类、大豆、棉花、花生等。淮河流域的总耕地面积为 1.9 亿亩①，约占全国总耕地面积的 11.7%，人均耕地面积 0.83 亩，低于全国人均耕地面积。有效灌溉面积 1.4 亿亩，约占全国有效灌溉面积的 16.5%，耕地灌溉率 72.6%。粮食总产量 9 490 万 t，约占全国粮食总产量的 17.4%，人均粮食产量 559 kg，高于全国人均粮食产量。

淮河流域内交通干线密布，有京沪铁路、京九铁路、京广铁路、京广高速铁路和京沪高速铁路等。公路网密集，分布有京沪、京港澳高速公路等高速公路，是国家重要的交通走廊。京杭大运河、淮河干流及主要支流是国家重要的水上运输通道。淮河流域在我国国民经济中占有十分重要的战略地位，区内矿产资源丰富、品种繁多，其中分布广泛、储量丰富、开采和利用历史悠久的矿产资源有煤、石灰岩、大理石、石膏、岩盐等。煤炭资源主要分布在淮南、淮北、豫东、豫西、鲁南、徐州等矿区，探明储量为 700 亿 t，煤种齐全，质量优良，是我国黄河以南地区最大的火电能源中心，华东地区主要的煤电供应基地。石油、天然气主要分布在中原油田延伸区和苏北南部地区，河南兰考和山东东明是中原油田延伸区；苏北已探明的油气田主要分布在金湖县、高邮市、姜堰区溱潼镇三个凹陷，已探明石油工业储量近 1 亿 t，天然气工业储量近 27 亿 m^3。河南、安徽、江苏三省均有储量丰富的岩盐资源，河南省舞阳县、叶县、桐柏县估算岩盐储量均达 2 000 亿 t 以上。

淮河流域吸引产业转移的条件优越，经济发展的资源约束相对较小，对人口和产业承载能力强，发展空间巨大。淮河流域正抓住国家产业结构调整战略机遇，加快承接沿海产业转移，大批投资项目落户，IT、生物医药、新能源、新材料、节能环保、现代装备制造等一批新兴产业迅速崛起。总体而言，淮河流域正处于工业化、城镇化和农业现代化快速推进阶段，未来发展空间、增长潜力巨大，后发优势明显。

① 注：1 亩≈666.7 m^2。

第二节
主要地理特征

1. 地理位置

淮河流域(含山东半岛)地处我国东部,西起河南省桐柏山、伏牛山,东临黄海,南以大别山、江淮丘陵、通扬运河及如泰运河南堤与长江流域分界,北以黄河南堤和沂蒙山脉与黄河流域毗邻。流域总面积约 27 万 km^2,其中安徽省 6.69 万 km^2,占 24.8%,主要为淮河以北地区;江苏省 6.53 万 km^2,占 24.2%,主要为长江以北的苏北地区;山东省 5.1 万 km^2,占 18.9%,主要为黄河以南的鲁西南地区和独流入海水系的胶东半岛地区;河南省 8.83 万 km^2,占 32.7%,主要为以桐柏山为淮河发源地的豫东地区。

由于里运河以东、废黄河以南、通扬运河及东串场河以北的苏北平原,共计有 22 440 km^2 面积,水流向东直接入海,淮河干流实际汇水面积为 164 560 km^2。淮河安徽段,处于淮河中游,上自豫、皖交界的洪河口起,下至皖、苏交界的洪山头止,河道长度 430 km。

2. 地形地貌

淮河流域地形总体由西北向东南倾斜,淮南山丘区、沂沭泗山丘区分别向北和向南倾斜。流域西部、南部、东北部为山丘区,山丘区面积约占流域总面积的三分之一,其余为平原,面积约占流域总面积的三分之二。

流域西部的伏牛、桐柏山区,高程一般为 200～300 m,沙颍河上游尧山为全流域最高峰,高程 2 153 m;南部大别山区,高程一般为 300～500 m,淠河上游白马尖高程 1 774 m;东北部沂蒙山区,高程一般为 200～500 m,沂蒙山龟蒙顶高程 1 155 m。丘陵主要分布在山区的延伸部分,高程西部为 100～200 m,南部为 50～100 m,东北部一般为 100 m 左右。淮河干流以北为广大冲积、洪积平原,高程为 15～50 m;南四湖湖西为黄泛平原,高程为 30～50 m;里下河水网区高程为 2～5 m。

流域的地貌形成不仅有流水、湖水、海水的作用，还受到少量的喀斯特侵蚀和火山熔岩喷发影响，因此流域内地貌类型非常复杂，形态多样，包括山区、丘陵地带、岗地及平原区和湖泊洼地。流域的东北部是山东中南部山地，流域中部主要包括黄淮海冲积平原、湖积平原和海积平原，而流域的西部地区和南部地区主要为山区和丘陵区。

地质时期，淮河流域经历了多次构造运动，形成了复杂的地质构造格局。依据历史分析方法，侧重于沉积建造、岩浆活动及构造旋回诸特征，可将淮河流域划分为中朝准地台、扬子准地台和秦岭褶皱区等三个一级构造单元。从流域最西部的车村、二郎庙到确山，转南至信阳，再向东经商城到舒城一线，以北为中朝准地台（即华北准地台），以南为秦岭褶皱区。从连云港到成子湖，略向偏西方向转折与郯庐断裂带相交，此线西北为中朝准地台，东南为扬子准地台。

3. 地质构造

流域内第四纪堆积物广泛发育，有陆相堆积、海相堆积、海陆交互相堆积和少量的火山岩堆积等。依据成因类型，将其分为七种类型：

（1）冲积，粒度分选较好，又可细分为冲积堆积、河道带堆积和河间带堆积；

（2）冲积-洪积，通常呈扇状、粒度较粗，多分布在山前平原冲积扇堆积；

（3）冲积-湖积，颗粒一般较细，大多分布于平原中部的前（间）洼地及交接洼地等；

（4）冲积-海积，此类型既包括垂向上有冲积和海积的交互沉积，又包括由沉积物系河流和海洋共同作用形成的，如废黄河入海三角洲堆积；

（5）残积-坡积，一般分布在低山、丘陵；

（6）坡积-洪积，通常分布在平原周边丘陵、台地地带或平原与山地交接地带，细粒土与块石混生；

（7）冰碛-冰水堆积，在伏牛山前有零星分布。

依据第四纪地层的发育特点、地质构造、第四纪沉积物的成因类型与分布，将淮河流域内的第四纪地层分为以下五个地层区：

（1）沂、蒙、泰山地层区

本区大部分为基岩出露区，其上局部覆盖有较薄的残坡积层，仅临沂盆地和若干河流谷地及滨海地有较为连续的第四系分布。第四系分布多见中、上更新统及全新统，下更新统在流域内大部分地区缺失，仅在郯庐断裂带内有零星分布，滨海可见冲积-海积层，一般冲积-洪积、坡积-洪积等，也有洞穴堆积。

(2) 黄河平原地层区

本区包括伏牛山前至沂、蒙、泰山地西北山前地区，南部界线大致在现今黄河冲积扇南缘，第四系厚度从几米、几十米至 150～200 m，最厚在开封坳陷，厚度可达 400 m 左右。在更新世早期本区物源主要来自山区，中更新世后黄河沉积物占主要地位，以冲积、冲洪积为主。除更新世早期，山前见有黏土砾卵石层及粗砂砾石层外，在新郑一带可见黏土砾卵石层露头。中晚期以细砂细粉砂为主，呈扇状及河道带状分布。

(3) 淮北平原地层区

本区范围包括淮河以北及江淮丘陵以西，固始—砀山断裂通过此区。断裂东部第四纪厚度仅 60～100 m，下更新统基本缺失；西部地层较全，厚度一般在 140～200 m 之间。全新统在本区均不发育，一般多见于现代河道，常呈现于高地。早、晚更新世期间，物源主要来自近山区和大别山以及西部低山、丘陵。晚更新世以后，主要来自黄河、淮河沉积。

(4) 江淮、苏北丘陵地层区

本区包括淮河以南、江淮丘陵及部分苏北丘陵和部分平原区，第四系分布广泛，但发育不全。除普遍缺失下更新统外，厚度较薄，一般小于 20 m，最厚不超过 50 m。

(5) 平地层

本区包括苏北坳陷及淮阴、响水部分隆起区，第四系分布广泛，发育齐全，有多层海侵层。地层由西向东加厚，一般在 50～250 m，最厚可达 300 m。沉积物来源，早期主要来自沂蒙山区及古长江的冲积物，晚更新世以后，又有来自黄河、淮河的冲积物。

4. 地理演变

淮河流域现代地貌历史可追溯到中生代末与新生代初，那时地面多处于剥蚀环境。除开封商丘以北、东南部扬子台地、淮北等局部地区为堆积外，广大的剥蚀区地表起伏甚微。表明华夏台地相当稳定，剥蚀强烈，因而形成波状夷平地表，如今淮北广大平原之下，发现埋藏的平坦基岩面，皆侏罗—白垩系及其前地层，可连成不超过 100～300 m 的起伏面，它实为古代准平原面。在鲁中南山地目前以海拔 1 000～1 100 m 峰面为代表，大别山 1 200～1 400 m 峰顶面形成于古近纪。

地貌发育到第三纪渐新世晚期，喜马拉雅运动第一幕，使上述夷平地表解体，揭开了地貌形成的历史。喜马拉雅运动在继中生代构造运动的同时，又以新的姿态再次发生升降运动，将古近纪及以前的剥蚀面抬升为高一级夷平面，在承袭前期断块隆起的同时，又在隆起区及其边缘产生大小与规模不一的次一级断裂谷和断陷盆地，如山东汶上—平邑、江苏徐州—睢宁、沭阳、丰县以及伏牛山—大别山山地丘陵间的裂谷盆地。在豫皖边缘，郯庐断裂带两侧的定远—长丰一带也形成许多封闭或半封闭盆地，作为盆地中心的定远一带为红色碎屑及膏盐的内陆湖相沉积，厚达 2 000～3 000 m，最厚可达 7 000 m。此外豫西的山间盆地则堆积晚第三系红层，最大厚度可达 800 m。以上所述的沉积厚度表明山地的抬升、切割强烈。沉积物为红色，说明了此时气候较热。沉积环境皆为内陆湖泊，表明黄河及淮河水系尚未形成完整的水系。准平原虽然解体，但古近纪地形与今日仍有巨大的差异，古近纪山丘面积较广，起伏低缓，同时今日的华北与苏北平原尚未形成。

渐新世末至中新世初，地面再度趋向和缓，强烈的侵蚀剥蚀作用再次取代差异运动，使地形趋向于夷平，或称第二次夷平化时期。如今黄淮平原西北部及西南部(豫皖)地区，新第三纪覆盖了古近纪地层，反映了地形的夷平作用。在大别山高级夷平面外围海拔 200～900 m 的中级夷平面，同样形成于新第三纪。至中新世中期喜马拉雅运动又掀起了新的一幕，其强度和幅度都很显著，使原来的地表再次抬升或下降，因而淮河流域内的山地丘陵广泛形成，平原普遍沉降。此时的隆起区(即新第三纪隆起区)主要仍在伏牛山、桐柏山、大别山及鲁中南山区，发生大规模断块差异活动，如鲁中南坳陷与隆起的幅度达 1 000 m 以上，豫西山地依据夷平面估算其上升幅度为 600～900 m。由于平原地区普遍面状的沉降使平原扩大，此时华北平原形成，并首次与淮北、苏北平原以广泛的河湖地层相互连通，古近纪的陆相盆地也一一被剥蚀沉积物填充。从此，进入了现代地貌的发育阶段。

至第四纪早更新世中期至中更新世初，构造运动相对稳定。一方面表现为剥蚀相对增强，山地形成新的夷平面，如枣庄、薛城津浦线两侧的夷平面(海拔 50～100 m)以及大别山山麓地带(海拔 150～250 m)的夷平面。另一方面表现在山前冲积-洪积扇发育，平原上遗下的坳陷也基本为河湖沉积填平。此时黄河的溯源侵蚀已逐步形成统一的水系，并进入平原边缘，形成黄河冲积扇雏形。此时气候变暖，海面上升，沿海出现第一次海侵。

中更新世中期，有一次明显的升降运动，山地普遍上升，山前古洪积扇遭受切割，新的洪积—冲积物在山间及山麓与平原交界处广泛发育。同时气候转暖，红色风化壳形成，并使前期风化物产生“红土化”过程。平原地区则进一步沉积，此时一些地方的高程超过东部地区，因此淮河全线贯通，并流入东海。中更新世中期以后，气候转冷，伏牛—大别山的高、中山地带发育第四纪第一次冰期的冰川，其地貌保留在伏牛山龙池曼及大别山 1 000～1 200 m 地区。

晚更新世早、中期，构造运动微弱，地势平缓，因而平原发育面广、层薄的沉积地层。晚更新世中期，沿海地带在继中更新世海侵之后又发生了海侵，西达兴化以西至涟水县张圩—灌云县穆圩一线。晚更新世中、晚期，气候由暖转冷，流域南部黄土形成，分布广泛。至晚更新世晚期，构造运动较为活跃，丘陵发育趋于明显，山麓洪积-冲积平原扩大，上述黄土分布地区经抬升而成黄土台地和部分阶地。总之，至晚更新世，流域内的低山、丘陵、台地、河湖等各种外力成因影响的平原地貌已全面形成。

地貌发育到全新世即冰后期，为现代地貌发育的全盛时期，也是现代构造运动的活跃期，地势高差进一步增大，地貌区域差异明显。古黄河出三门峡后，在郑州造成巨大的冲积扇，黄河以瓣状形式在扇面发育、摆动和缺口泛滥，从而形成多次叠加的古河道沙体及侧沿洼地的黄泛淤积，一直至今。苏北在晚更新世所形成发育的古潟湖，此时由于滨外沙坝、拦门沙嘴逐渐封闭而淡化。

第三节
淮河流域主要水系

1. 淮河水系的演变

(1) 淮河干流的演变

远在晚更新世时期,淮河流域就形成了西北高、东南低的地形总体趋势。各条河流的来水从西北流向东南汇入淮河干流,并在洪泽湖以下入海。

淮河是一条古老的河流。古籍《尚书·禹贡》中有记录"导淮自桐柏,东会于泗、沂,东入于海"。北魏《水经注》记述北岸主要支流有汝河、颍水、涡水、潍水、汴水等,南岸主要支流有油水、浉水、肥水、决水、淠水等。这一局面一直持续到12世纪90年代,当时淮河是一条独立入海的河流,干流发源于桐柏山,向东流经河南、安徽两省,然后进入江苏省,最后注入黄海。洪泽湖以西的古淮河与如今的淮河相似,洪泽湖一带分布有洼地浅泊,但不连片。淮河干流经盱眙后折向东北,经淮阴在今响水县云梯关入海。淮河两岸有上百个湖泊,主要是破釜塘、白水塘、富陵湖等,各湖间均有水道相连通。淮河在这一时期水系分明、河床深阔、湖泊星罗棋布、河水清澈、灌溉便利、漕运发达。这时期的淮河流域人丁兴旺、经济繁荣,在当地有"江淮稻粱肥""走千走万,不如淮河两岸"的民谚流传,成为我国古代经济、文化发展较早的地区之一。

淮河流域水系的大变迁主要是黄河的改道、侵害所致。淮河以北是倾斜平原,地势北高南低,其北岸支流从西北流向东南注入淮河干流。它们北部邻接黄河,而自古黄河与淮河之间无天然分水岭,如果黄河发生决口,那么滚滚黄河水就将沿淮河北岸的支流向南入侵。《史记》中曾有记载,黄河泛淮最早开始于公元前168年。从西汉至北宋,黄河虽然多次泛滥,但为时较短,对淮河流域各水系并没有造成破坏性影响。在公元1194年,黄河北流被阻断,黄河的全部水量夺淮入海。自此之后,黄河水中携带的大量泥沙不断淤积,造成淮河流域各水系遭受巨大破坏。而黄河在苏北、淮北地区的泛流,直接造成颍河、涡河、汴水、濉水和泗水5条泛道的形成。徐州以下的泗水故道全部被黄河侵袭;而淮阴以下的故道则成为黄河水泛道入海的门户。

淮河下游故道由于泥沙作用而不断淤积,最终被淤成地上河,之后在盱眙与淮阴之间的低洼地带便形成了洪泽湖。1851年,洪泽湖水猛烈上涨,冲垮了其南堤的溢流坝,导致淮河水沿礼河流入宝应湖、高邮湖,然后经邵伯湖和里运河流入长江。自此之后,淮河干流不再是曾经的独流入海,而是需要改道经过长江入海。1855年,由于在河南铜瓦厢发生决口,黄河改道经由山东大清河入海,这标志着历经661年的"黄河夺淮史"从此结束。而此时的淮河入海通道已经被淤废成一条高出地面的河道(废黄河),这也成为今后淮河水系与沂沭泗水系的分水岭。洪水时期,沂河、沭河、泗河的洪水由于排出通道受阻而时常泛滥,最终侵夺江苏省北部的排涝河道流入海。

(2) 淮河支流的演变

淮河南岸支流河道面貌古今变化大小各异。受淮水顶托影响,各支流入淮口河面逐渐扩大,变成大肚子河或湖洼地带。沣河、汲河、东淝河、池河等河下游均成为湖洼地区。淮河北岸各支流除洪汝河外,均遭受过黄泛之灾。

汝河:汝河发源于伏牛山,历经各代人为改道,变迁很大。元朝初期,为免蔡州水患,在郾城截断汝水北支,使舞阳以北的汝水上游河水向东入颍河。元末,在舞阳再截汝水另一支流——甘江河,使之归澧河。1530年,汝水在西平附近淤断,汝水南支截流易源。这时的汝水南支以源出泌阳,经遂平县的古亲水为上源。清代把汝水北支改称洪河,南向支流改称为南汝河。在明朝以后,新蔡以上的汝水被称为汝河,后发展成为洪河支流;而新蔡以下的汝水被称为洪河。

颍河:颍河是淮河的主要支流之一。元代前,颍水面积比汝水小,它的正源为嵩山。其上游受黄泛影响较小,周口以下,颍河干流与古颍水河道大致相似。在春秋时代,在周口以东有颍河分支,至怀远涂山口入淮,名沙水,至清代已不复存在。左岸贾鲁河等支流淤积变迁较大;颍河中下游长时期为黄泛河道,入淮口淤积严重;周口以下、颍河以东地区形成许多串沟和古河床高地。现如今的颍河因以沙河为主源,故统称为沙颍河。

涡河:涡河上游受黄泛影响变迁最大。现涡河发源于原开封市郭厂村。由于上游临近黄河,在黄泛的冲刷与淤积下,涡河上增添了许多新支流,而原有的支流有的逐渐被淤浅、淤高;有的被侵袭,原河消失,旧貌不可复认。涡河中下游变迁不大。

濉水:濉水发源于原陈留县西浪荡渠,向东至宿迁小河口入泗。它是古淮的重要支流,受黄泛影响变迁很大。由于黄河夺泗入淮,迫使睢宁以下河道多次向南改道。1684年,归仁堤五堡减水坝冲毁,濉水经过安河下泄流入洪泽湖。

1725 年，濉水又改由谢家沟老汴河入洪泽湖。

泗水：古泗水是淮河下游最大的支流，其河道深、水面宽阔且水流通畅。沂河、沭河、濉水、汴水均为泗水的支流。1194 年，黄河向南入侵的淮河主要通道是古汴水和泗水。在明代万历年间，泗水修筑堤防，形成固定河槽。徐州至淮阴区间的泗水由于黄河夺道，其河床逐渐被淤高，使沂河、沭河、濉河下泄通道堵塞，导致泗水上游来水也流通不畅，在济宁和徐州间的洼地不断滞蓄，南四湖便逐渐形成了。泗水鲁桥以下河道淤废后，南北航运受阻。为保漕运通畅，明清两代先后开挖了会通河、中运河等一系列河道，使该段运河重新贯通，并使原来入泗的支流改道入运河，形成以运河为骨干的排水系统。

沂、沭河：沂、沭河在汉代前都在下邳入泗水。自汉至南北朝，沭水出马陵山，西泛沂水，并在古厚丘县分为两支，向西南一支至宿豫入泗，向东一支合相水至朐县注游水入海。在北魏至清代的 1 000 多年间，沭水多次西泛入沂。1690 年，为防沭河侵沂，在郯城建禹王台竹络坝，障沭水西出，使沭水东入蔷薇河，穿盐河至临洪口入海。从此，沭水西支断流，并脱离泗水主干而独流入海。黄河夺泗后，沂水勉强入黄。明万历年间，开挖泇河，沂水被泇河所截，不能入黄，改道南流，壅潴于宿迁以北、嶂山以西洼地而逐渐扩展为骆马湖。为保运河，明清开挖六塘河，以排出骆马湖洪水，并通过硕项湖、灌河进入海。从此，沂水脱离泗水主干，其入海的出路为六塘河。20 世纪 50 年代，新沭河、新沂河的逐步开辟，才使沂、沭河有了可以直接入海的排泄通道。

（3）湖泊的形成与演变

古淮河有上百个湖沼，散布在淮北与苏北地区。南宋以后，随着黄河南泛的加剧，这些湖沼先后淤废。与此同时，又有许多河流因水流不畅而汇集形成新的湖泊，如南四湖、洪泽湖、骆马湖等。

洪泽湖：隋唐前，今洪泽湖一带地势低，有众多小湖洼。616 年，改破釜涧为洪泽浦，洪泽始得名于此。1194 年以后，黄河长期夺淮，泥沙淤积，淮河尾间排泄受阻，致使洪泽浦诸湖洼水面扩展而合为一体。1422 年，筑高家堰后，湖体增速加快。明中后期，黄河南岸分流淤塞，主流由泗入淮后，使淮水受到黄河的阻滞，又加筑高家堰，抬高湖水位，使湖体迅速扩展，湖面进一步扩大，遂奠定今日洪泽湖的基础。

南四湖：南阳、独山、昭阳和微山四个相互连通的湖泊合起来总称为南四湖。元代前，南四湖所在地曾经是古泗水流经的一片洼地。到了元代，黄河夺泗后，泗河河床淤高，使黄水和泗水宣泄受阻，遂使洼地扩展而先后形成南四湖。昭阳湖成湖最早，元时称山阳湖。南阳湖又名独山湖，是由运河和汶泗二水在南阳闸交会潴集而成，后运河行经湖中将该湖分为两部分，东南部被称作独山湖，而西北部仍称为南阳湖。微山湖成湖时间最晚，它由明代赤山、微山等几个小湖扩展而成。

骆马湖：骆马湖形成较晚，是由黄河夺淮造成沂、沭、泗河宣泄不畅，在构造洼地的基础上逐渐积滞汇集而成。明朝天启六年，黄水倒灌入骆马湖，使其浚不胜淤而逐渐被淤塞。清初该湖虽曾复苏，但到嘉庆年间又渐趋消亡。新中国成立后，兴建了一系列闸、坝与排洪河道，才形成一个新的骆马湖。

2. 淮河流域水系现状

淮河片包括淮河流域和山东半岛沿海诸河，流域面积约 33 万 km^2，其中淮河流域以废黄河为界，分淮河及沂沭泗河两大水系，流域面积分别为 19 万 km^2 和 8 万 km^2，有京杭大运河、淮沭新河和徐洪河贯通其间。山东半岛沿海诸河流域面积约为 6 万 km^2，沿海诸河又可分为小清河水系和山东半岛水系。

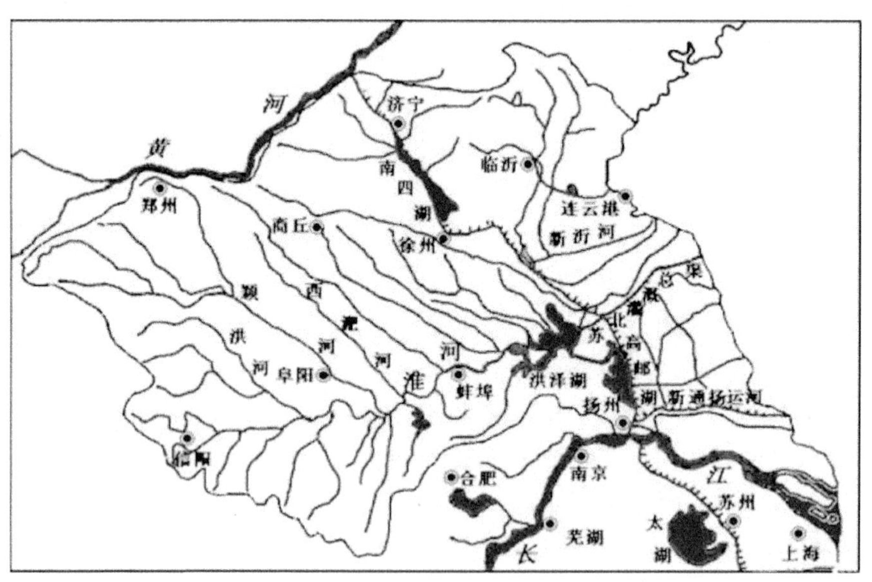

图 1-2 淮河流域水系简化图

(1) 淮河水系

淮河水系总集水面积为 191 174 km^2，约占流域总面积的 71%。淮河干流全长 1 000 km，总落差 200 m，平均比降 0.2‰，其源头位于河南省桐柏山，向东流经河南、安徽、江苏三省，最终在扬州的三江营汇入长江。从桐柏山到洪河口是淮河上游，上游河长约 364 km，落差约 178 m，集水面积约 3.06 万 km^2，河段的比降大约为 0.5‰；从洪河口到洪泽湖出口附近是淮河中游，其中游河长约 490 km，落差约为 16 m，集水面积约为 13 万 km^2，比降大约为 0.03‰；淮河下游区段为洪泽湖中部以下区域，集水面积3万 km^2，河长约150 km，落差约为6 m，平均比降大约为0.04‰。

淮河中上游水系分布形状总体为不对称扇形，干流稍向南偏。北岸主要支流有四条，分别为洪汝河、沙颍河、涡河、包浍河；其中沙颍河从河南伏牛山发源，是淮河最大的支流，以京广铁路为界，界限以西是山丘区，以周口为界，界限以东为平原；洪汝河是北岸较大的支流之一，也源于伏牛山区。相对而言，淮河南岸支流较多，而且均发源于山区及丘陵区，南岸支流多呈现源短流急等特点，其中较大的支流有四个，由上至下依次是史灌河、淠河、东淝河、池河；在南岸支流中又以史河和淠河为主，且这两大支流的发源地均位于大别山地区。

淮河干流的主要支流都集中在中游地区。其中，中游南岸的支流的水流大都汇集迅猛，而淮河干流中游河段的比降却较小，导致区间洪水下泄速度缓慢，因此，淮河中游自古以来就是淮河治理的重点河段。尤其在新中国成立后，在史灌河、淠河上兴建了梅山和响洪甸等5座大型水库，以拦蓄大别山区洪水；在洪汝河、沙颍河上游兴建了板桥和白龟山等众多水库；疏浚了支流河道；开挖了许多人工河道，例如茨淮新河、新汴河、怀洪新河等，这不仅为北岸的一些支流洪水直接流入洪泽湖开辟了渠道，还加强了淮北支流的泄洪、排涝能力；修筑了654 km的淮北大堤，以防淮干洪水北溢；建有濛洼、城西湖等22个行蓄洪区。

淮河下游的河道主要是入江水道，运河以西的支流全部汇流进入江水道。苏北灌溉总渠和淮沭河的开辟，增强了淮河下游灌溉和排洪能力。运河以东的里下河及滨海地区水系纵横交错，湖泊众多，其中射阳河、新洋港等直接入海。

(2) 沂沭泗水系

沂沭泗水系是沂河、沭河、泗河三大水系的总称，总集水面积为78 109 km^2，包括较大的一级支流共12条，直接入海的河流共15条。沂河从鲁山的南边开始发源，依次流经山东省南部和江苏省北部，最终注入骆马湖。沭河从沂山山区发源，接着河流一路南下，在流至临沭县大官庄时被分成东、南两支，其中南支流直接流入新沭河；而东支流在流入新沭河汇合后，再流经石梁河水库，在临洪口附近入海。泗河先是汇集沂蒙山西侧附近的白马河、城河和大沙河等河流来水，再与南四湖西侧附近的洙赵新河、东鱼河、复新河等河流来水一起流入南四湖，接着再经过中运河的邳苍分洪道最终注入骆马湖。骆马湖来水的下泄，一路经新沂河，汇灌河于燕尾港入海；另一路经中运河下泄。

新中国成立后，沂沭泗水系共建18座大型水库，发挥了防洪与蓄水作用。在下游扩大了行洪通道，在原沭河的基础上又开辟了新沭河，使沭河在洪水期可以将洪水向东调入海；在原沂河的基础上新开挖了分沂入沭水道，这使得沂河在洪水期可以将洪水向东经过大官庄枢纽调配后下泄流出；骆马湖以下又在沂河右岸开辟了邳苍分洪道，大水时能分泄部分洪水入中运河；修建了新沂河，连通了沂河、沭河、泗河三大水系的主要洪水入海通道；疏浚了中运河，建设了黄墩湖滞洪区。淮河流域主要干支流特征见表 1-1。

表 1-1　淮河流域主要干支流特征表

水系名称	河流名称	集水面积/km²	河流长度/km	水系名称	河流名称	集水面积/km²	河流长度/km
淮河水系	洪汝河	28 519	834	淮河水系	竹竿河	2 610	112
	汝河	13 173	366		小潢河	796	98
	臻头河	1 841	129		寨河	710	90
	沙颍河	139 390	2 067		白露河	2 200	136
	北汝河	6 080	250		史灌河	12 810	383
	澧河	2 787	145		淠河	10 820	366
	颍河	7 348	263		池河	8 491	305.5
	贾鲁河	5 895	246		灌溉总渠	3 829	168
	汾泉河	5 222	243	沂沭泗水系	沂河	37 710	1 222
	黑茨河	2 990	194		东汶河	2 427	132
	茨淮新河	5 977	134		蒙河	632	62
	东淝河	4 200	122		邳苍分洪道	2 643	75
	涡河	19 960	530		沭河	15 999	769
	惠济河	4 130	174		新沭河	458	20
	浍河	4 541	237		分沂入沭	256	20
	包河	1 090	175		梁济运河	6 580	167
	废黄河	3 522	483		洙赵新河	4 206	141
	新汴河	13 202	472		万福河	1 283	77
	怀洪新河	12 024	121		东鱼河	11 914	317
	新濉河	6 212	249		泗河	3 886	252
	王引河	1 241	80		白马河	1 099	57
	浉河	2 110	138		北沙河	535	64

（3）山东半岛沿海诸河

山东半岛沿海诸河通常分为小清河水系和山东半岛水系。

小清河水系由小清河及其支脉河等组成，主要支流有巨野河、绣江河、杏花沟、孝妇河、淄河、塌河等，流域面积约为 1.42 万 km²。

山东半岛水系由弥河、白浪河、潍河、胶莱河、王河、界河、黄水河、大沽夹河、辛安河、沁水河、母猪河、黄垒河、乳山河、东五龙河、张村河、白沙河、墨水河、大沽河、洋河、巨洋河、王戈庄河、白马河、吉利河、潮河、傅疃河与绣针河等组成，流域面积约为 4.83 万 km^2。

（4）湖泊

淮河流域范围内的湖泊数量众多，水面面积约 0.7 万 km^2，约占流域总面积的 2.6%。湖泊群的总蓄水能力 280 亿 m^3，兴利库容约为 66 亿 m^3，其中较大的湖泊有三个，分别是洪泽湖、高邮湖、邵伯湖等。洪泽湖是我国四大淡水湖之一，是目前我国最大的人工平原湖之一，同时也是淮河流域内最大的湖泊。洪泽湖每年承接淮河上中游的来水约为 16 万 km^2，最大入湖流量高达 19 800 m^3/s。南四湖由南阳等四个湖泊连接而成；南四湖南北方向形状狭长，长度 100 km，东西宽度为 5～25 km；其中建成的二级坝枢纽工程，将南四湖分为上下两部分，洪水时期洪水经过韩庄运河，流经伊家河，最终在中运河附近注入骆马湖。而骆马湖又集中中运河和沂河的来水，经过嶂山闸、皂河闸、六塘河闸的泄洪作用，将洪水分别泄入新沂河、中运河之中。淮河流域主要湖泊的特征如表 1-2 所示。

表 1-2　淮河流域主要湖泊特征表

水系	湖泊名称	蓄水位/m	蓄水面积/km^2	蓄水量/亿 m^3	洪水位/m	相应蓄水量/亿 m^3	死水位/m	湖最低高程/m
淮河	洪泽湖	13.00	2 152	41.00	16.00	111.20	11.30	10.00
	高邮湖	5.70	661	8.82	9.50	37.80	5.00	4.00
	邵伯湖	4.50	120	0.83	8.50	7.88	3.80	1.00
沂沭泗河	南四湖（上）	34.20	582	7.96	36.50	23.10	33.00	31.60
	南四湖（下）	32.50	572	2.00	36.00	34.10	31.50	30.00
	骆马湖	23.00	375	9.00	25.00	15.00	20.50	19.00

第二章

地表水氟化物及其监测与评价

第一节

地表水氟化物概况

1. 氟化物基础知识

氟是一种常见的化学物质，在自然界中以各种化合物的形式广泛分布。地壳岩石圈平均含氟量大约为 625 mg/kg，重要的含氟矿物有萤石矿（CaF_2）、冰晶石（Na_3AlF_6）、黄玉[$Al_2SiO_4(F,OH)_2$]、氟磷灰石[$Ca_5F(PO_4)_3$]等。

在我国，将水体氟化物浓度超过 1 mg/L 的定为高氟水，高氟水体是干扰人类健康的一个重要区域性水环境问题，长期存在，在我国北方干旱、半干旱地区分布广泛。现有研究表明，氟是卤族元素中最轻也最具电负性的元素，具有极强的化学活动性，广泛存在于环境之中。除局部工业污染排放和农药使用造成的人为衍生氟外，大部分的氟来源于自然，包括岩石矿物风化而导致的氟释放以及火山活动和海洋气溶胶排放。氟的性质活泼，各种条件都会对其迁移和富集产生影响，并且与人类健康密切相关，尤其是氟过剩引发的地方病。

对人体而言，氟是一种必需的微量元素，人体各组织都含有微量氟，其中80%～90%的氟都集中于牙齿和骨骼中。正常人体内含氟量约 2.6 g，人体中的氟约 2/3 来源于饮用水、1/3 来源于食物。氟对于我们来说无疑是一把双刃剑。一方面，作为一种人体和动物生长过程中所必需的微量元素，适量摄入氟可以有效地促进儿童生长发育，预防龋齿；另一方面，氟又是电负性极强的亲骨性元素，过量摄入会导致氟中毒，进而引起氟斑牙、氟骨症等疾病。现如今，氟中毒已经成为人类关注的全球性的健康问题，据统计，发现有地方性氟中毒（简称地氟病）的国家和地区有 100 个，亚洲、欧洲、非洲、大洋洲和美洲五大洲均有分布。地氟病是在特定的地理环境中发生的一种地球化学性疾病，它是在自然条件下，人们长期生活在高氟环境中，主要通过饮水、空气或食物等介质，摄入过量的致病因子（氟）而导致的全身慢性蓄积性中毒。世界上许多国家和组织对饮用水、地表水的氟化物含量有限值设置标准，世界卫生组织《饮用水水质准则（第四版）》中氟化物的指导值为 1.5 mg/L，世界卫生组织氟化物与口腔卫生专家组委员会关于饮用水加氟量的建议是 0.5～1.0 mg/L。我国卫生行业标准《人群总摄氟量》(WS/T 87—2016)建议每人每日总氟摄入量为：8～16 岁≤2.4 mg，16 岁以上人群≤3.5 mg。我国《生活饮用水卫生标准》(GB 5749—2022)规定，氟化物含量不得超过 1.0 mg/L。我国《地表水环境质量标准》(GB 3838—2002)规定，地表水氟化物Ⅰ～Ⅲ类标准限值为 1.0 mg/L，Ⅳ～Ⅴ类标准限值为 1.5 mg/L，超过 1.5 mg/L 则为劣Ⅴ类。

自然水体中的氟更多来源于自然环境，含量范围波动很大，在 0.012～100.0 mg/L 之间。水中氟浓度的影响因素主要有 3 个：一是高氟区的分布存在一定的地域性，不同的环境类型会对氟的时空分布特征产生影响；二是气候条件，在气温较高且湿润的地区，岩石风化和土壤强烈淋溶作用导致浅层水中氟的迁移；三是水的化学特性，氟含量受含氟矿石溶解度和水中 Ca^{2+} 含量的影响较大。此外，pH 值能控制水中 Ca^{2+} 和 HCO_3^- 的含量，因此碱性环境有利于水中氟的富集。

2. 氟的毒性及对人体的危害

环境中的氟化物超过一定浓度后将对生物造成影响。大气中的氟随气流、降水向周围地区扩散而最终落到地面，被植物、土壤吸收或吸附；水中的氟随水流迁移，主要影响径流区的生物和土壤；而固体废弃物中的氟化物，因其结构稳定对环境影响较小。缺氟或过量摄入氟对人体健康都是不利的。缺氟会导致齿质变差，容易脱落。过量的氟会抑制体内酶化过程，破坏人体正常的钙、磷代谢，使钙从正常组织中沉积和造成血钙减少。由于氟的矿化作用有可能将骨骼中的轻基磷酸钙转变为氟磷酸钙，而破坏骨骼中正常的氟磷比。过量摄入氟还能导致骨膜增生及生成骨刺等病变，使骨节硬化、骨质疏松、骨骼变形发脆，危及骨骼正常的生理机能。人体摄氟量过高还会对神经细胞结构、脑组织中 DNA、蛋白质合成及活性、神经递质及受体等中枢神经系统产生不同程度影响。还有研究表明过量摄入氟还会对人体原生质、泌尿系统、心血管系统、消化系统和生殖系统等造成不同程度的损伤。

氟化物对人体的影响与其浓度和溶解度有关，氟化氢能迅速被吸收，而难溶的含氟粉尘不易被吸收。在工业生产条件下，氟化物可以通过呼吸道、消化道和皮肤等途径被人体吸收，一般认为，通过消化道进入人体的氟对人体的危害大一些。氟被吸收后进入血液，75%在血浆中，25%在血细胞中；血浆中氟的 75%与血浆蛋白结合，25%呈离子状态并发生生理反应。进入人体的氟，蓄积和排泄各占一半，蓄积于人体的氟大部分沉积在骨骼和牙齿中，氟的排泄主要通过肾脏。在实际工作中，长期接触过量的无机氟化物，会引发以骨骼改变为主的全身性疾病，称为工业性氟病。

另外，当高氟水被用于农作物灌溉或水产养殖时，人体还可能会通过食用粮食、水果以及水产类食品等摄入氟。研究表明，氟摄入过多或过少都会造成危害，人体氟摄入量过低会影响牙齿的生长发育，造成龋齿患病率上升；但若氟摄入量超过一定含量，氟斑牙、氟骨症患病率会增加；氟污染还可以使动、植物中毒，表现为牲畜长牙病、“鸡软脚”等，影响农牧业生产。

3. 国内外地表水氟化物研究现状

氟化物超标已成为当今社会的一个热点问题，各界学者都十分关注。控制水中氟化物含量具有重要意义，目前国内外就有关氟在地下水、土壤、河流中的分布、来源及其形成条件开展了诸多的研究工作，对众多流域地下水中氟的含量水平及分布特征有所涉及，但对地表水河流含氟的时空分布及其形成原因等缺乏较为系统的阐述，研究较少。

(1) 国外地表水氟化物研究

国外有关氟的研究始于氟与人体健康研究。在 1931 年，Clowes 等人和 Smith 等人分别运用光谱分析和动物实验等方法，证明了氟斑牙与饮用水中氟元素含量之间的因果关系。其后，Dean 等所做的广泛的流行病学调查，证明斑釉齿的严重程度与饮用水中氟浓度密切相关。后来，此种斑釉齿便被称为氟斑牙病。在印度的研究中提出了地方性氟骨症病的概念，并且一直沿用至今，以后此类病症报道在全球各地相继出现。地方性氟骨症病与区域环境相互关系研究推进了氟的分布、来源及其形成条件的研究。研究者测定了法国阿尔卑斯山地区五条河流的氟含量，指出两岸铝厂的大量氟排放是造成河流氟污染的主要原因，且氟化物浓度从上游到下游逐渐升高。在坦桑尼亚北部三亚冲积平原含水层地下水中氟化物来源和分布的空间变异性分析中，东非大裂谷地区普遍存在氟化物浓度升高以及与饮用富含氟化物的水相关的慢性氟中毒现象。在这些地区，氟化物浓度具有空间依赖性，这给寻找安全饮用水水源带来了很大的不确定性。氟化物浓度随着离陡坡的距离增大而增加，缓坡和平地上覆盖着碎片雪崩沉积物的区域与氟化物浓度的高度空间变异性相关。此外，在三亚河漫滩，氟化物的高度空间变异性与地下水深度呈正相关。三亚冲积平原目前的灌溉方式导致了氟化物浓度的高度空间变异性。对坦桑尼亚北部阿鲁木鲁地区地表和地下水中砷、硼、氟、铅的空间分布研究结论得出，在空间上，氟化物和硼与火山灰、火山碎屑物质有关，而砷和铅与火山碎屑和霞石响岩熔岩有关。当这些水用于饮用时，除了氟化物外，这些重金属含量高的地区还面临着进一步的健康风险。

（2）国内地表水氟化物研究

新中国成立后，经过多年调查，基本查清了地氟病在我国的分布。本病在我国分布面非常广泛，除上海市和海南省外，其他省（自治区、直辖市）均有病区。我国病区类型复杂，不仅有饮水型病区，还有我国独有的燃煤污染型和饮茶型病区。我国地氟病重病区主要集中在中、西部地区。据有关调查统计资料显示，我国现有地氟病流行的县（市、旗）多达 1 306 个。患氟斑牙人数为 4 066 万人，氟骨症人数为 260 万人。地方性氟病是我国危害最严重的地方病之一，我国是世界地方性氟病主要高发区之一。

饮水型氟中毒是我国地氟病中最主要的类型，患病人数也最多。1986 年时，全国饮用氟化物超标水的人口约有 7 700 万人，主要分布在山东、河南、河北、内蒙古、陕西、山西、江苏、吉林、天津、安徽、宁夏、新疆等 12 个省（自治区、直辖市）。据 1990 年国家公布的调查报告称，全国约有 7.9％的人口饮用水氟化物超过 1.0 mg/L 的国家饮用水标准，饮用水中氟化物超出 2.0 mg/L 的人口达 2 009 万人，氟斑牙患者约为 2 694 万人，氟骨症患者约为 103.5 万人。以吉林省的白城市和松原市为例，氟流行病区的人口约有 180 万人，患氟斑牙和氟骨症的人约有 72 万人。可见，水氟污染对人体健康的影响相当普遍，也相当严重，应引起社会关注，并进行积极有效的防治。

对国内地表水氟化物的研究中，研究人员在研究中国黄土高原河流与地下水氟化物的分布特征及控制因素时，利用水化学类型分析、氟与各离子间相关性、主成分分析及绘制 Gibbs 图等方法得出，第四纪沉积物是自然水体的主要氟化物的来源，雨水也对自然水体氟来源有一定“贡献”。研究区气候、pH 值、阳离子交换和 $CaCO_3$ 沉淀进一步增加了黄土高原中部自然水体氟化物的含量。气候与地球化学过程的耦合作用是该地区天然水体高氟的主要影响因素。何世春在分析我国部分天然水中氟时指出，地表水中氟化物浓度普遍较低，在干旱半干旱气候条件下的平原地区，河流下游氟化物浓度比一般山区河流氟含量略高。刘松华等通过对苏州市阳澄湖地区污水处理厂的调查及地表水氟化物浓度的监测，提出相应的氟污染管控与治理措施。何锦等人研究了张掖市甘州区地下水中氟的分布规律和成因，认为丰富的氟物质来源、特殊的水文地质条件和水化学背景是导致甘州区浅层地下水中氟离子富集的主要原因。周天骧对塔里木河干流氟含量研究发现，氟含量分布具有多年变化和年内变化的特征，即丰水期氟化物浓度高，枯水期氟化物浓度低，氟化物浓度与河水流量呈正相关。张跃武通过对官厅水库氟含量的分析指出，库区氟化物逐年增高的主要原因是上游工业的影响。陈吉吉等人通过对永定河区域氟化物偏高地下水的空间分布、地球化学特征及其来源进行分析，认为地下水中氟化物超标主要是原生地层中偏高的氟化物本底值、水文地质条件和地热地质、岩石矿物组分以及弱碱性的地下水环境等自然地质环境所致，同时受到了萤石溶解、阳离子交换等水化学过程的影响，人类活动不是造成研究区域地下水中氟超标的主要原因。何志润在研究宁夏清水河流域氟化物分布特征时得出氟化物浓度枯水期＞平水期＞丰水期，空间分布具有差异性，同时水环境化学分析表明地质条件是氟化物来源的重要基础。

4. 氟化物污染治理技术

目前氟污染水处理研究多针对工业、矿业中产生的含氟废水，传统的含氟废水处理技术有离子交换法、化学沉淀法和混凝沉淀法等。

治理含氟污水可利用离子交换的原理，采用合成的阴、阳离子交换树脂去除水中的氟。强碱阴离子交换树脂在盐环境下可以去除氟化物，而在阳离子交换树脂中加入碳，可使树脂更加耐用，用两倍含水氧化物（$Fe_2O_3 \cdot Al_2O_3 \cdot nH_2O$）与 Cl^-、Br^-、BrO_3^- 等离子去除氟的效率更高。

化学沉淀法是高氟水预处理的普遍方法之一，适用于高浓度含氟废水处理。通过沉淀法对饮用水进行脱氟处理，采用石灰形成更大更密集的絮凝体，氟化物随之析出，以污泥的形式被清除，pH 值在 5.5～7.5 时去氟率最高，沉淀法处理技术的优点：一是原材料便于获取，二是操作过程简单且投入低。但此项技术对净化材料本身的总溶解性固体物质及硬度有一定的要求：出水中氟离子浓度 5～10 mg/L，难以达到排放标准要求；沉淀物的沉降性能差，脱水困难，并且会产生大量污泥。

混凝沉淀法主要适用于低浓度含氟废水处理，是利用吸附剂的化学性质吸附水中氟离子，经化学反应形成悬浊化合物，达到脱氟的效果，其脱氟效率高且应用广泛，主要试剂为铝盐吸附剂，包括硫酸铝、聚合氯化铝、聚合硫酸铝。该处理技术的优点在于运行成本低，药剂投加量少，处理量大，脱氟效率高且应用广泛，一次处理后可达国家排放标准。但该方法一般只适用于低氟的废水处理，一般通过与中和沉淀法配合使用，实现对高氟废水的处理，处理费用较高，产生污泥量多。由于效果受搅拌条件、沉降时间等因素的影响，因此出水水质会不够稳定。

除此之外，近年来又出现了一些新型的去氟手段。如絮凝法，即在悬浊物中加入高分子絮凝剂，加速含氟絮状物的沉降进程，这项技术除氟效率高，且去除成本低，具有较好的应用前景，但电极钝化问题严重；电渗析法不需要加入药剂，操作简单，出水水质稳定，但投资大，膜极易结垢，且不能去除非离子物质；反渗透法操作简单，氟去除率高，但投资大，对进水中的悬浮物含量有要求，废水需先进行预处理，且膜价格较高；离子交换法、吸附法等除氟效果较好，且操作简单，但均存在运行成本高、投资大的问题。发掘新型的高效、应用范围广、成本低的氟处理技术十分迫切。

第二节

氟化物检测方法与评价

1. 检测方法

在生态环境系统的检验检测工作中，开展地表水水质检测主要以生态环境监测行业标准为主，氟化物检测指标常用的分析方法主要有以下几种：

(1)《水质 氟化物的测定 茜素磺酸锆目视比色法》(HJ 487—2009)

方法适用范围：本标准规定了饮用水、地表水、地下水和工业废水中氟化物的茜素磺酸锆目视比色测定法。本标准适用于饮用水、地表水、地下水和工业废水中氟化物的测定。取 50 mL 试样，直接测定氟化物的浓度时，本方法检出限为 0.1 mg/L，测定下限为 0.4 mg/L，测定上限为 1.5 mg/L(高含量样品可经稀释后分析)。

方法原理：在酸性溶液中，茜素磺酸钠和锆盐生成红色络合物，当样品中有氟离子存在时，能夺取络合物中锆离子，生成无色的氟化锆离子，释放出黄色的茜素磺酸钠，根据溶液由红色褪至黄色的色度不同与标准比色定量。

(2)《水质 氟化物的测定 氟试剂分光光度法》(HJ 488—2009)

方法适用范围：本标准规定了测定地表水、地下水和工业废水中氟化物的氟试剂分光光度法。本标准适用于地表水、地下水和工业废水中氟化物的测定。本方法的检出限为 0.02 mg/L，测定下限为 0.08 mg/L。

方法原理：氟离子在 pH 值为 4.1 的乙酸盐缓冲介质中与氟试剂及硝酸镧反应生成蓝色三元络合物，络合物在 620 nm 波长处的吸光度与氟离子浓度成正比，可定量测定氟化物。

(3)《水质 无机阴离子(F^-、Cl^-、NO_2^-、Br^-、NO_3^-、PO_4^{3-}、SO_3^{2-}、SO_4^{2-})的测定 离子色谱法》(HJ 84—2016)

方法适用范围：本标准适用于地表水、地下水、工业废水和生活污水中 8 种可溶性无机阴离子的测定。当进样量为 25 μL 时，氟化物的检出限为 0.006 mg/L，测定下限为 0.024 mg/L。

方法原理：水质样品中的阴离子，经阴离子色谱柱交换分离，抑制型电导检测器检测，根据保留时间定性，根据峰高或峰面积定量。

(4)《水质 氟化物的测定 离子选择电极法》(GB 7484—87)

方法适用范围：本标准适用于测定地面水、地下水和工业废水中的氟化物。本方法的最低检测限为 0.05 mg/L，测定上限可达 1 900 mg/L。

方法原理：当氟电极与含氟的试液接触时，电池的电动势随溶液中氟离子治度变化而改变(遵守能斯特方程)，可根据能斯特方程式计算出氟化物浓度。

除以上方法外，水利系统及自然资源系统也有一些其他的行业监测标准，针对地下水等不同类型水体也有一些相应的氟化物检测方法，在此不再一一赘述。

2. 评价标准

在开展水质评价的过程中，对氟化物检测结果评价主要涉及以下几种标准：

(1) 地表水评价标准：《地表水环境质量标准》(GB 3838—2002)

适用范围：本标准适用于中华人民共和国领域内江河、湖泊、运河、渠道、水库等具有使用功能的地表水水域。

标准值：地表水中氟化物环境质量标准见表 2-1。

表 2-1 地表水环境质量标准(氟化物)

分类	Ⅰ类	Ⅱ类	Ⅲ类	Ⅳ类	Ⅴ类
氟化物(mg/L)	≤1.0	≤1.0	≤1.0	≤1.5	≤1.5

评价办法：地表水环境质量评价应根据应实现的水域功能类别，选取相应类别标准进行单因子评价。结果应说明水质达标情况，超标的应说明超标项目和超标倍数。

水质监测：本标准规定的项目标准值，要求水样采集后自然沉降 30 分钟，取上层非沉降部分按规定方法进行分析。地表水水质监测的采样布点、监测频率应符合国家地表水环境监测技术规范的要求。分析方法优先选用表 2-2 规定的方法，也可采用 ISO 方法体系等其他等效分析方法，但须进行适用性检验。

表 2-2 地表水环境质量分析方法(氟化物)

项目	分析方法	最低检出限(mg/L)	方法来源
氟化物	氟试剂分光光度法	0.05	HJ 488—2004
	离子选择电极法	0.05	GB 7484—87
	离子色谱法	0.02	HJ 84—2016

(2) 地下水评价标准：《地下水质量标准》(GB/T 14848—2017)

适用范围：本标准规定了地下水质量分类、指标及限值，地下水质量调查与监测，地下水质量评价等内容。本标准适用于地下水质量调查、监测、评价与管理。

评价限值：地下水中氟化物质量限值见表 2-3。

表 2-3　地下水质量指标限值（氟化物）

分类	Ⅰ类	Ⅱ类	Ⅲ类	Ⅳ类	Ⅴ类
氟化物（mg/L）	≤1.0	≤1.0	≤1.0	≤2.0	>2.0

质量评价：地下水质量评价应以地下水质量检测资料为基础。地下水质量单指标评价，按指标值所在的限值范围确定地下水质量类别，指标限值相同时，从优不从劣。

分析方法：地下水中氟化物质量监测推荐分析方法为离子色谱法、离子选择电极法、分光光度法。

（3）生活饮用水评价标准：《生活饮用水卫生标准》（GB 5749—2022）

适用范围：本文件规定了生活饮用水水质要求、生活饮用水水源水质要求、集中式供水单位卫生要求、二次供水卫生要求、涉及饮用水卫生安全的产品卫生要求、水质检验方法。本标准适用于各类生活饮用水。

评价限值：生活饮用水中氟化物限值为 1.0 mg/L。

（4）污水排放标准：《污水综合排放标准》

适用范围：本标准适用于现有单位水污染物的排放管理，以及建设项目的环境影响评价、建设项目环境保护设施设计、竣工验收及其投产后的排放管理。

排放限值：本方法中氟化物最高允许排放浓度见表 2-4、2-5。

表 2-4　最高允许排放浓度（氟化物）（1997 年 12 月 31 日之前建设的单位）

单位：mg/L

污染物	适用范围	一级标准	二级标准	三级标准
氟化物	黄磷工业	10	20	20
	低氟地区（水体含氟量<0.5 mg/L）	10	20	30
	其他排污单位	10	10	20

表 2-5　最高允许排放浓度（氟化物）（1998 年 1 月 1 日后建设的单位）

单位：mg/L

污染物	适用范围	一级标准	二级标准	三级标准
氟化物	黄磷工业	10	15	20
	低氟地区（水体含氟量<0.5 mg/L）	10	20	30
	其他排污单位	10	10	20

分析方法：本标准中氟化物指标的分析采用的测定方法为离子选择电极法。

(5) 其他标准

如淮河流域颁布施行的《南四湖流域水污染物综合排放标准》。该标准是根据生态环境部的工作部署，按照"统一编制、分别报批、分省实施"的原则，由淮河流域生态环境监督管理局组织山东、江苏、安徽、河南四省统一编制的流域水污染物综合排放标准。2023 年 9 月由各省以地方标准的形式发布，2024 年 4 月 1 日正式执行。主要为：山东省地方标准《流域水污染物综合排放标准 第 1 部分：南四湖东平湖流域》(DB 37/3416.1—2023)；江苏省地方标准《南四湖流域(江苏区域)水污染物综合排放标准》(DB 32/4576—2023)；安徽省地方标准《南四湖流域水污染物综合排放标准》(DB 34/4542—2023)；河南省地方标准《南四湖流域水污染物综合排放标准》(DB 41/2469—2023)。以上排放标准中，均规定了氟化物直接排放标准值为 2.0 mg/L。

相关涉氟的国家标准情况如表 2-6 所示：

表 2-6　不同行业国家标准中氟化物排放限值

标准	氟化物浓度(mg/L)	备注
GB 3838—2002《地表水环境质量标准》	1.0	地表水Ⅰ～Ⅲ类限值
	1.5	地表水Ⅳ～Ⅴ类限值
GB 5749—2022《生活饮用水卫生标准》	1.0	排放限值
GB 8978—1996《污水综合排放标准》	10	一级标准
GB 30484—2013《电池工业污染物排放标准》	10	现有企业水污染物排放浓度限值
	8	新建企业水污染物排放浓度限值
	2	水污染物特别排放限值
GB 31573—2015《无机化学工业污染物排放标准》	6	水污染物排放限值
	2	水污染物特别排放限值
GB 25465—2010《铝工业污染物排放标准》	8	现有企业水污染物排放浓度限值
	5	新建企业水污染物排放浓度限值
	2	水污染物特别排放限值
GB 25467—2010《铜、镍、钴工业污染物排放标准》	8	现有企业水污染物排放浓度限值
	5	新建企业水污染物排放浓度限值
	2	水污染物特别排放限值

总的来看，随着排放要求越来越严，未来对含氟废水的治理要求会不断提高。但由于多种原因，目前，氟化物治理仍面临极大的挑战。虽然多地出台了更严格的地方标准，但单纯的政策加严并不能解决所有问题，解决新技术应用的成本问题是当务之急。

第三章

淮河流域地表水氟化物含量及评价

第一节
氟化物含量

以 2020 年国家地表水环境质量监测网监测数据分析为例，全国氟化物年均浓度介于 0.016～4.448 mg/L 之间，其中满足地表水Ⅲ类水质标准断面数的占 97.7%。淮河流域地表水氟化物平均浓度为 0.610 mg/L，为各流域中最高。全年中，淮河流域氟化物的月均浓度均高于全国的均值。此外，淮河流域超地表水Ⅲ类断面的年平均浓度(1.158 mg/L)最低，但断面数量最多，占流域断面总数的比例也最高。氟化物浓度最高的断面为山东省青岛市的北胶莱河昌平路桥(1.439 mg/L)。淮河流域各级河流的极差分析表明，淮河干流的氟化物更为稳定，一级和二级河流氟化物浓度明显高于干流氟化物浓度，说明了淮河干流的氟化物主要是由支流汇入造成；入湖河流氟化物的年均浓度高于湖泊氟化物浓度，说明入湖河流的汇入对湖泊氟化物浓度有一定的贡献。

依据 2020 年至 2023 年淮河流域国控网监测断面(共计 381 个断面)对氟化物进行的数据分析，淮河流域地表水中氟化物浓度整体较低，除部分区域主要受环境本底因素影响外，氟化物浓度值基本上处于 0.7 mg/L 左右及以下的水平。特别是“十四五”以来，对生态环境保护工作的重视以及深入打好水污染“攻坚战”的推进，水环境质量有了明显的好转，淮河流域水中氟化物浓度也在整体上呈现出下降的趋势，见图 3-1。

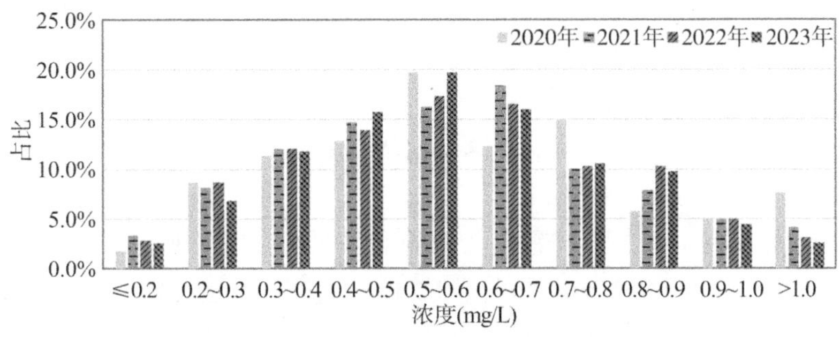

图 3-1　2020～2023 年期间淮河流域地表水监测点位中氟化物浓度分布占比

“十四五”期间，各地环境保护部门不断加大治污力度，切实保障地表水环境质量，淮河流域氟化物超标情况明显改善，治理成效显著。特别是在2022年之后，氟化物超标情况趋于稳定，人为污染因素造成的超标已基本得到治理。部分超标断面处于经常性超标情况，且排查后无人为造成影响的来源，可以基本判定是由环境本底值影响导致。

1. 主要河流

淮河流域以淮河干流水系为主，汇入的支流众多。通过现有的监测数据资料，对2013年至2023年间淮河水系主要河流的氟化物浓度变化情况进行分析，从宏观上了解淮河水系氟化物含量水平及其变化规律，对流域水环境中氟化物污染防控具有重大意义。

根据在淮河干流上13个水质监测点位的氟化物监测结果，淮河干流水体中氟化物的月均浓度范围为0.30～0.72 mg/L，氟化物年均浓度范围为0.43～0.61 mg/L，氟化物浓度整体呈现下降趋势，见图3-2。

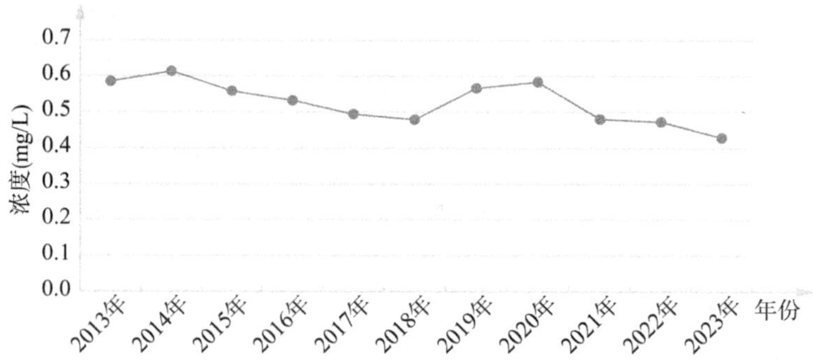

图3-2　2013—2023年淮河干流氟化物年均值浓度变化

根据在史河上4个水质监测点位的氟化物监测结果，史河水体中氟化物月均浓度范围为0.20～0.60 mg/L，氟化物年均浓度范围为0.34～0.45 mg/L，氟化物浓度整体变化较为平稳，见图3-3。

根据在洪汝河上2个水质监测点位的氟化物监测结果，洪汝河水体中氟化物月均浓度范围为0.20～0.85 mg/L，氟化物年均浓度范围为0.45～0.70 mg/L，氟化物浓度整体呈现下降趋势，见图3-4。

根据在颍河上5个水质监测点位的氟化物监测结果，颍河水体中氟化物月均浓度范围为0.20～0.93 mg/L，氟化物年均浓度范围为0.56～0.85 mg/L，氟化物浓度整体呈现下降趋势，见图3-5。

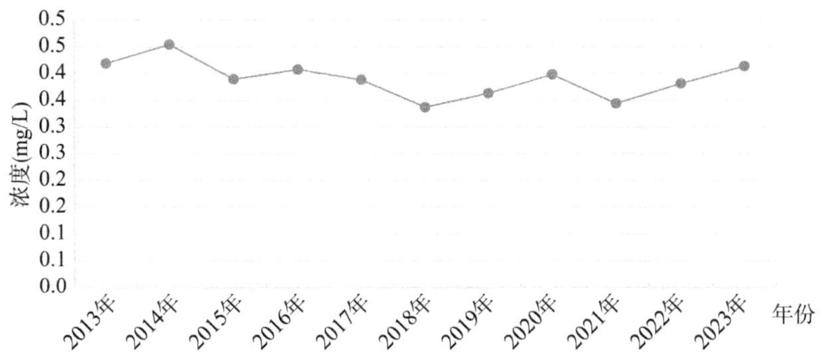

图 3-3　2013—2023 年史河氟化物年均值浓度变化

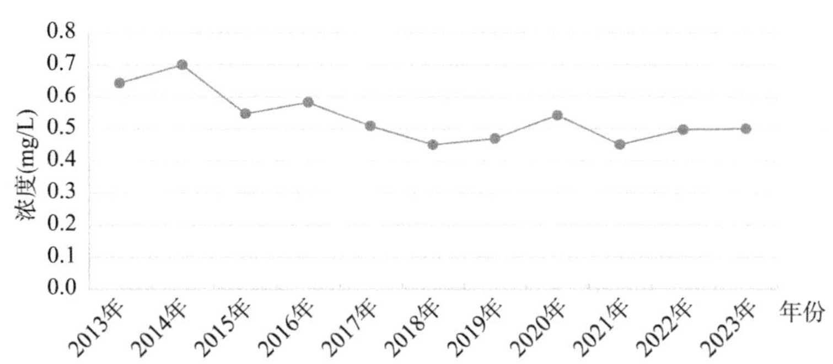

图 3-4　2013—2023 年洪汝河氟化物年均值浓度变化

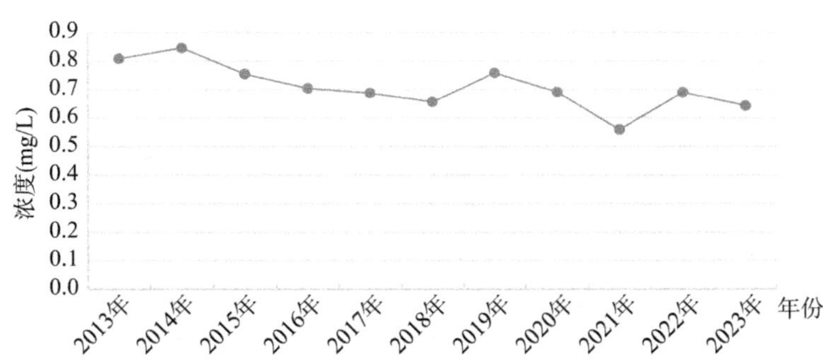

图 3-5　2013—2023 年颍河氟化物年均值浓度变化情况

根据涡河上 5 个水质监测点位的氟化物监测结果，涡河水体中氟化物月均浓度范围为 0.30～1.35 mg/L，氟化物年均浓度范围为 0.80～1.14 mg/L，氟化物浓度整体呈现下降趋势，见图 3-6。

根据在包河上 3 个水质监测点位的氟化物监测结果，包河水体中氟化物月

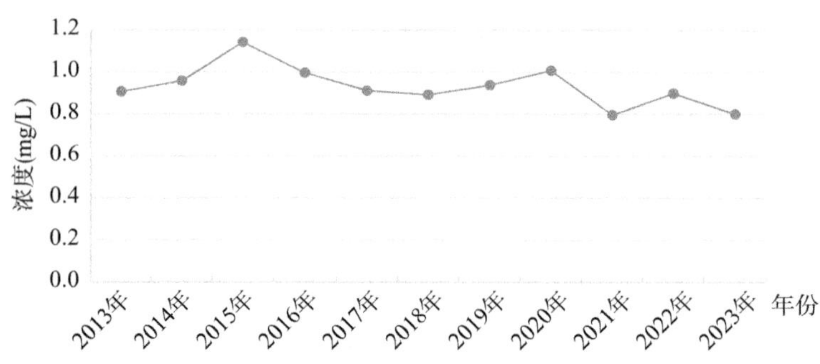

图 3-6　2013—2023 年涡河氟化物年均值浓度变化情况

均浓度范围为 0.65～1.28 mg/L，氟化物年均浓度范围为 0.85～0.95 mg/L，氟化物浓度整体保持平稳变化；根据在浍河上 2 个水质监测点位的氟化物监测结果，浍河水体中氟化物月均浓度范围为 0.70～4.0 mg/L，氟化物年均浓度范围为 0.93～1.58 mg/L，氟化物浓度整体呈波动较大，2015 年和 2020 年出现峰值，除浍河所处的区域地质因素外，可能与区域人为活动影响有较大关系，见图 3-7。

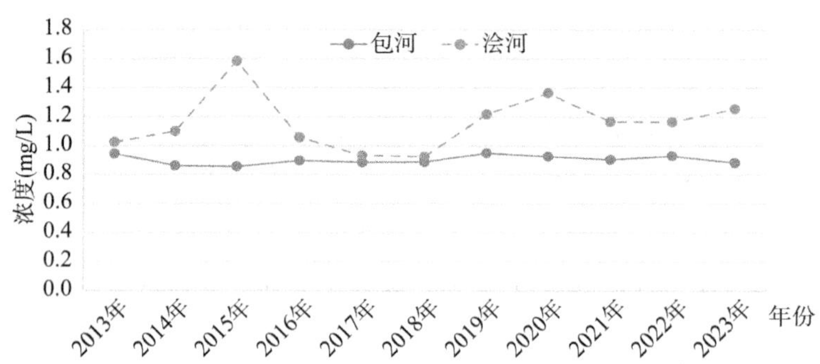

图 3-7　2013—2023 年包河、浍河氟化物年均值浓度变化情况

根据在沱河上 3 个水质监测点位的氟化物监测结果，沱河水体中氟化物月均浓度范围为 0.50～2.05 mg/L，氟化物年均浓度范围为 0.91～1.40 mg/L，氟化物浓度整体呈现波动下降趋势，2015 年和 2019 年出现峰值，淮北平原采煤地质因素可能是较为主要的影响因素，见图 3-8。

根据在奎河上 2 个水质监测点位的氟化物监测结果，奎河水体中氟化物月均浓度范围为 0.30～0.90 mg/L，氟化物年均浓度范围为 0.61～0.78 mg/L，氟化物浓度整体波动变化，2020 年出现峰值；根据在濉河上 4 个水质监测点位的氟化物监测结果，濉河氟化物月均浓度范围为 0.50～1.0 mg/L，氟化物年均浓度范围为 0.56～0.83 mg/L，氟化物浓度整体呈波动下降趋势，2020 年出现峰值，见图 3-9。

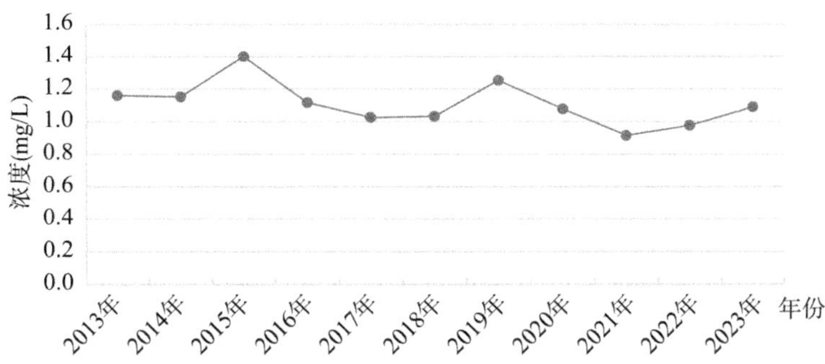

图 3-8　2013—2023 年沱河氟化物年均值浓度变化情况

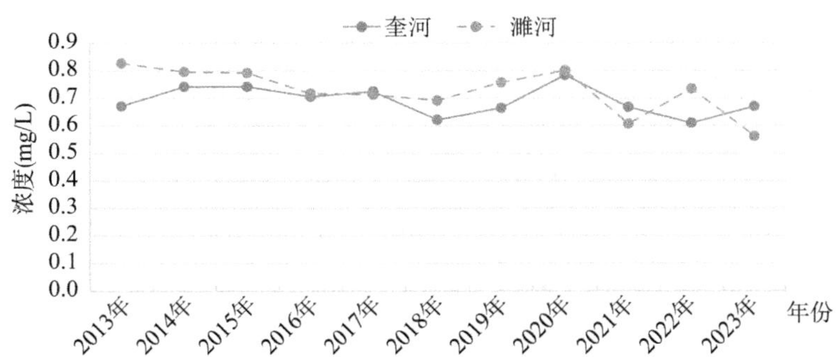

图 3-9　2013—2023 年奎河、濉河氟化物年均值浓度变化情况

根据在沂河上 5 个水质监测点位的氟化物监测结果，沂河水体中氟化物月均浓度范围为 0.30～0.80 mg/L，氟化物年均浓度范围为 0.39～0.70 mg/L，氟化物浓度整体呈现下降趋势，见图 3-10。

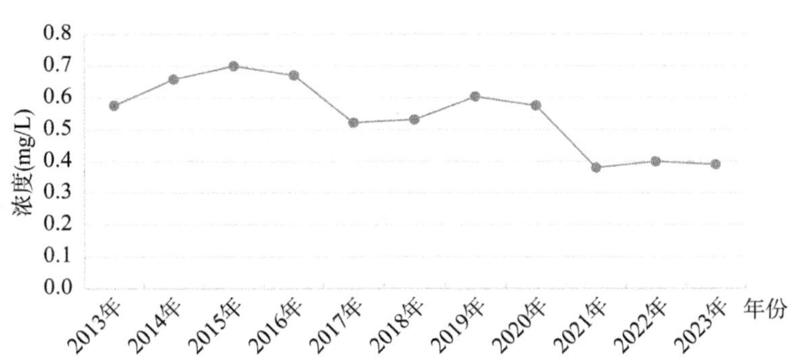

图 3-10　2013—2023 年沂河氟化物年均值浓度变化情况

根据在沭河上 7 个水质监测点位的氟化物监测结果，沭河水体中氟化物月均浓度范围为 0.46～0.93 mg/L，氟化物年均浓度范围为 0.43～0.73 mg/L，氟化物浓度整体呈现下降趋势，见图 3-11。

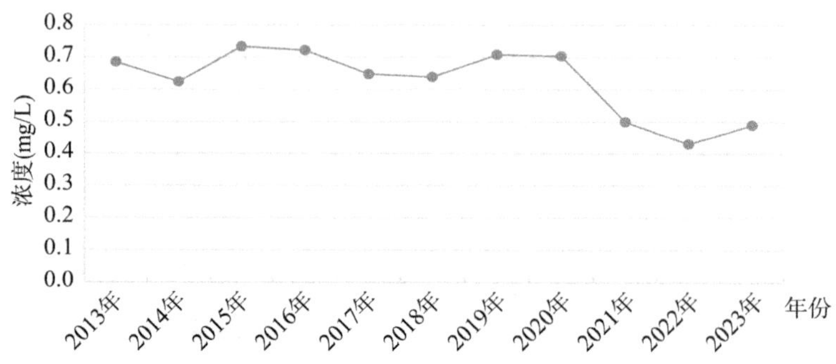

图 3-11　2013—2023 年沭河氟化物年均值浓度变化情况

根据在邳苍分洪道上 3 个水质监测点位的氟化物监测结果，邳苍分洪道东偏泓水体中氟化物月均浓度范围为 0.35～1.00 mg/L，氟化物年均浓度范围为 0.48～0.74 mg/L，氟化物浓度整体呈现下降趋势；邳苍分洪道西偏泓水体中氟化物月均浓度范围为 0.30～1.00 mg/L，氟化物年均浓度范围为 0.40～0.69 mg/L，氟化物浓度整体呈现波动下降趋势，见图 3-12。

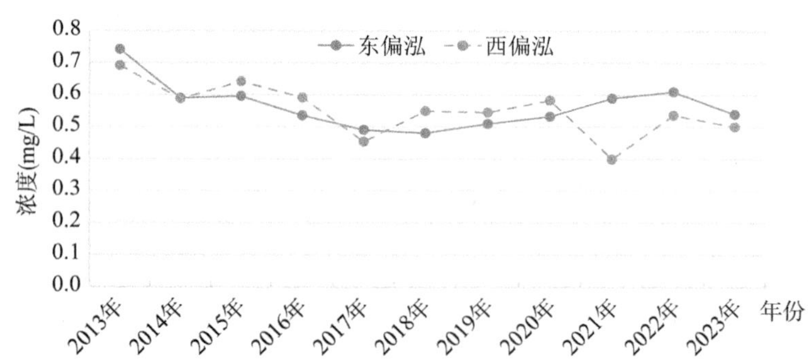

图 3-12　2013—2023 年邳苍分洪道氟化物年均值浓度变化情况

2. 主要湖泊

淮河流域湖泊众多，主要的较大湖泊分布在淮河中下游区域。通过现有的监测数据资料，对 2013 年至 2023 年间淮河流域主要湖泊中的氟化物浓度变化情况进行分析，系统性了解各主要湖泊水体中氟化物含量水平及其变化规律，对开展湖泊水生态环境保护有重要意义。

根据在南四湖水体中 7 个水质监测点位的氟化物监测结果，南四湖水中氟化物月均浓度范围为 0.58～1.19 mg/L，氟化物年均浓度范围为 0.66～1.05 mg/L，氟化物浓度整体呈现下降趋势，见图 3-13。

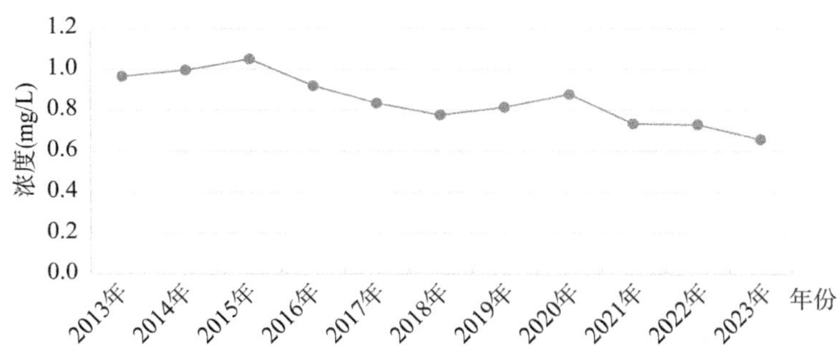

图 3-13　2013—2023 年南四湖氟化物年均值浓度变化情况

根据在洪泽湖水体中 4 个水质监测点位的氟化物监测结果，洪泽湖水中氟化物月均浓度范围为 0.40～0.77 mg/L，氟化物年均浓度范围为 0.51～0.65 mg/L，氟化物浓度整体呈现波动下降趋势，见图 3-14。

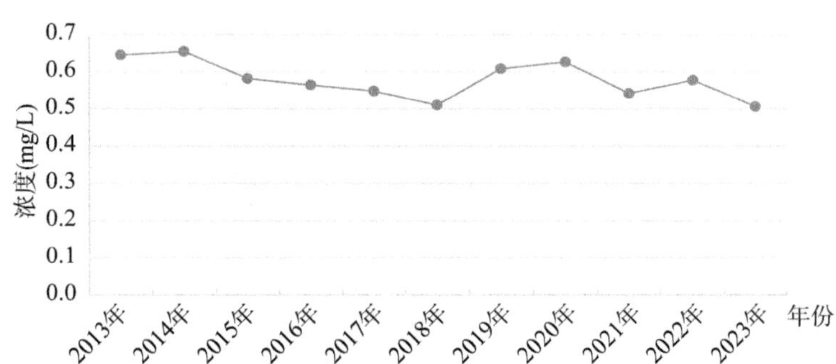

图 3-14　2013—2023 年洪泽湖氟化物年均值浓度变化情况

根据在骆马湖水体中 2 个水质监测点位的氟化物监测结果，骆马湖水中氟化物月均浓度范围为 0.47～1.20 mg/L，氟化物年均浓度范围为 0.51～1.05 mg/L，氟化物浓度整体呈现下降趋势，见图 3-15。

根据在高邮湖水体中 1 个水质监测点位的氟化物监测结果，高邮湖水中氟化物月均浓度范围为 0.30～0.80 mg/L，氟化物年均浓度范围为 0.44～0.67 mg/L，氟化物浓度整体呈现下降趋势，见图 3-16。

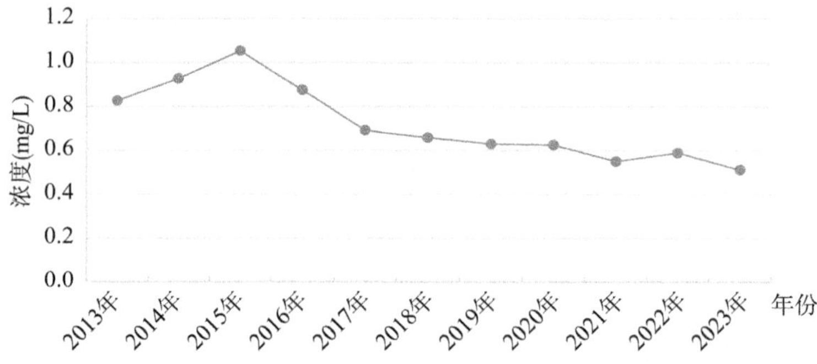

图 3-15　2013—2023 年骆马湖氟化物年均值浓度变化情况

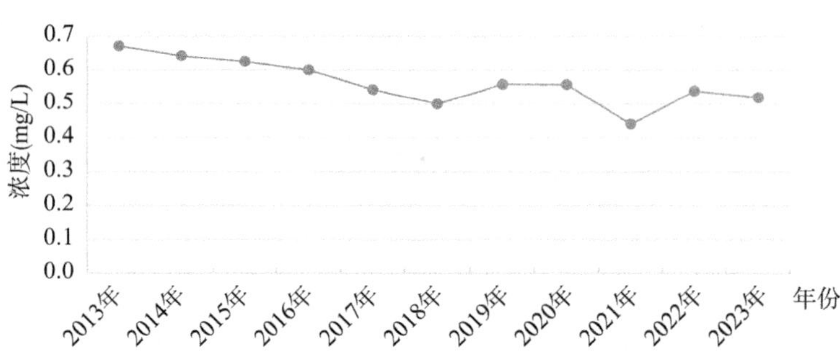

图 3-16　2013—2023 年高邮湖氟化物年均值浓度变化情况

根据在邵伯湖水体中 1 个水质监测点位的氟化物监测结果，邵伯湖水中氟化物月均浓度范围为 0.30～0.80 mg/L，氟化物年均浓度范围为 0.48～0.60 mg/L，氟化物浓度整体较为平稳，见图 3-17。

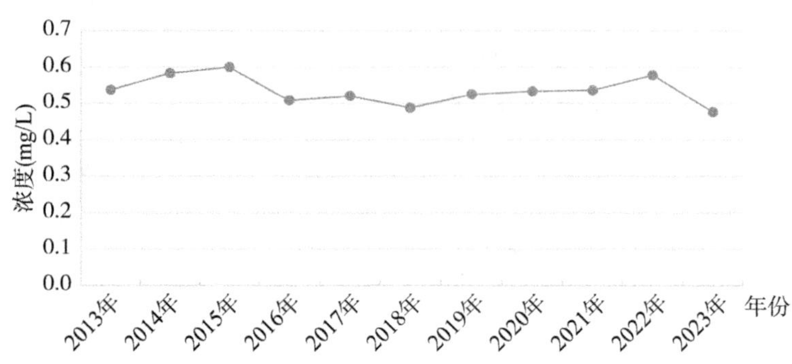

图 3-17　2013—2023 年邵伯湖氟化物年均值浓度变化情况

第二节
氟化物评价

2013年至2023年淮河流域氟化物监测结果表明，主要河流淮河、史河、洪汝河、颍河、涡河、包河、浍河、沱河、奎河、濉河、沂河、沭河氟化物年均浓度的中位数分别为0.53 mg/L、0.39 mg/L、0.51 mg/L、0.69 mg/L、0.91 mg/L、0.90 mg/L、1.17 mg/L、1.09 mg/L、0.67 mg/L、0.73 mg/L、0.58 mg/L和0.65 mg/L；主要湖泊南四湖、洪泽湖、骆马湖、高邮湖、邵伯湖氟化物年均浓度的中位数分别为0.83 mg/L、0.58 mg/L、0.66 mg/L、0.56 mg/L和0.53 mg/L。

监测结果表明，浍河、沱河、涡河、包河氟化物年均浓度中位数高于其他河流，氟化物年均浓度范围分别在0.93～1.58 mg/L、0.91～1.40 mg/L、0.80～1.14 mg/L、0.85～0.95 mg/L之间；南四湖、骆马湖氟化物年均浓度中位数高于其他湖库，氟化物年均浓度范围分别在0.66～1.05 mg/L、0.51～1.05 mg/L之间。从历史监测数据看，浍河、沱河、涡河、包河、南四湖、骆马湖氟化物多次出现超出地表水Ⅲ类氟化物浓度(1.0 mg/L)现象。

按照《地表水环境质量标准》(GB 3838—2002)中氟化物浓度评价限值标准，淮河流域部分区域的河段仍存在超过Ⅲ类水质标准情况，主要集中在皖北地区。需要重视的是，南四湖与骆马湖作为流域内大型湖泊，也出现了氟化物浓度超标的情况，需要开展污染的溯源分析工作。

表3-1　2013～2023年淮河流域主要河流、湖库氟化物浓度统计

河流湖库名称	年均浓度	月均浓度
淮河	0.43～0.61 mg/L	0.30～0.72 mg/L
史河	0.34～0.45 mg/L	0.20～0.60 mg/L
洪汝河	0.45～0.70 mg/L	0.20～0.85 mg/L
颍河	0.56～0.85 mg/L	0.20～0.93 mg/L

续表

河流湖库名称	年均浓度	月均浓度
涡河	0.80～1.14 mg/L	0.30～1.35 mg/L
包河	0.85～0.95 mg/L	0.65～1.28 mg/L
浍河	0.93～1.58 mg/L	0.70～4.0 mg/L
沱河	0.91～1.40 mg/L	0.50～2.05 mg/L
奎河	0.61～0.78 mg/L	0.30～0.90 mg/L
濉河	0.56～0.83 mg/L	0.50～1.0 mg/L
沂河	0.39～0.70 mg/L	0.30～0.80 mg/L
沭河	0.43～0.73 mg/L	0.46～0.93 mg/L
邳苍分洪道	0.40～0.74 mg/L	0.30～1.00 mg/L
南四湖	0.66～1.05 mg/L	0.58～1.19 mg/L
洪泽湖	0.51～0.65 mg/L	0.40～0.77 mg/L
骆马湖	0.51～1.05 mg/L	0.47～1.20 mg/L
高邮湖	0.44～0.67 mg/L	0.30～0.80 mg/L
邵伯湖	0.48～0.60 mg/L	0.30～0.80 mg/L

第四章

氟化物高值区及成因

自 2022 年 6 月开展第三轮判定工作以来，淮河流域共有 19 个国控考核断面通过了氟化物环境本底值的判定，在更加科学地开展水环境质量评价的同时，也在一定程度上缓解了责任地市的考核压力，具体断面分布见图 4-1。

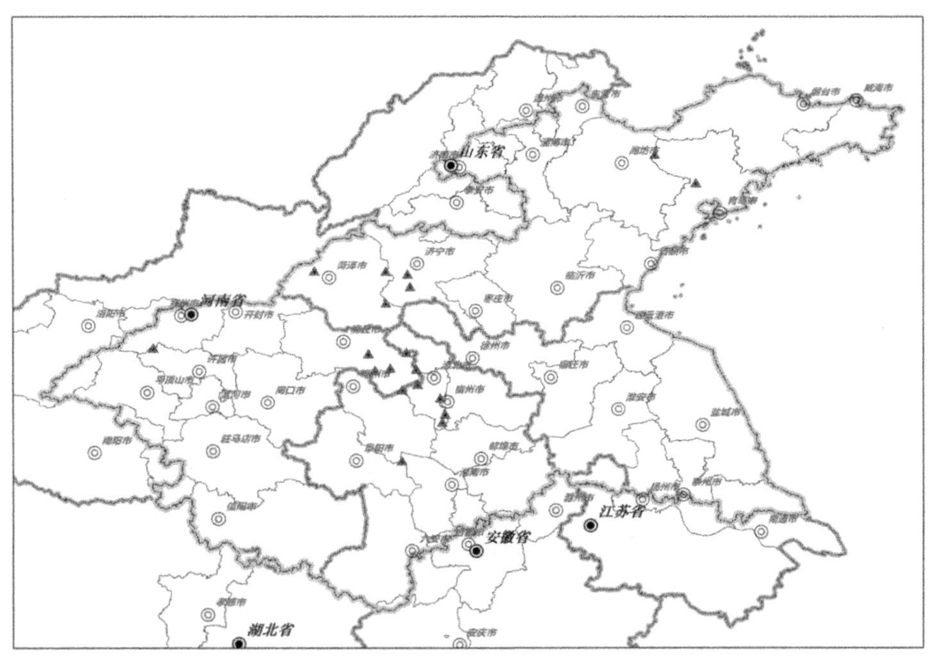

图 4-1　淮河流域已通过氟化物环境本底值认定的国控断面位置示意图(截至 2023 年 12 月底)

第一节
胶莱盆地区域

1. 胶莱河基本情况

胶莱河是山东东部的重要河流，流经山东半岛西部、泰沂山脉与昆嵛山脉之间，长 134 km，分南北两段。

南胶莱河原称胶莱南河，又称南运河。全长 30 km，流域面积 1 500 km^2。南胶莱河水系由胶河、墨水河、顺溪河、郭杨河等 4 条主要河流和另外 6 条支流组成；入南胶莱河的主要支流有清水河、小清河、助水河、胶河、墨水河、利民河、碧沟河等。南胶莱河闸子集断面为 2020 年设立的国控监测断面，位于胶州市胶莱镇驻地东北侧的南胶莱河闸子集桥，为南胶莱河干流水质监测断面，于 2023 年 6 月通过环境本底值认定。

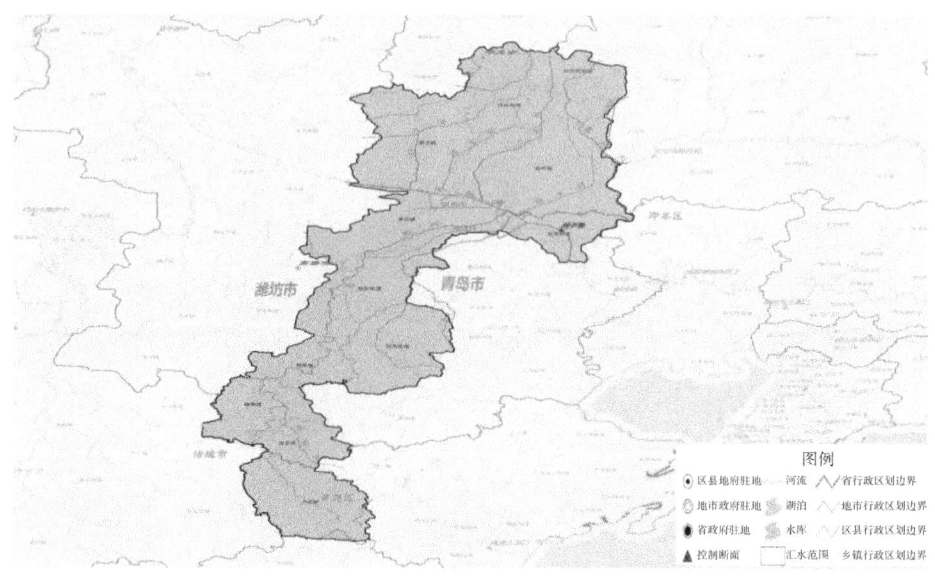

图 4-2　闸子集断面汇水范围示意图

北胶莱河位于平度市、高密市和昌邑县的边界，为青岛市与潍坊市界河，由胶莱河分水岭向西北，流经平度市9个乡镇，自夏庄镇入高密市，至曹家北出境入昌邑县，达莱州海仓村以北入莱州湾。河道全长100 km，流域面积3 978.60 km^2。北胶莱河水系由北胶新河、五龙河和柳沟河等10条主要河流以及泽河、龙王河、现河、昌平河和白沙河等13条支流组成。北胶莱河昌平路桥国控断面位于北胶莱河入莱州湾上游36 km处，由“十三五”的新河大闸断面调整而来，为“十四五”调整断面，于2023年12月通过环境本底值认定，见图4-3。

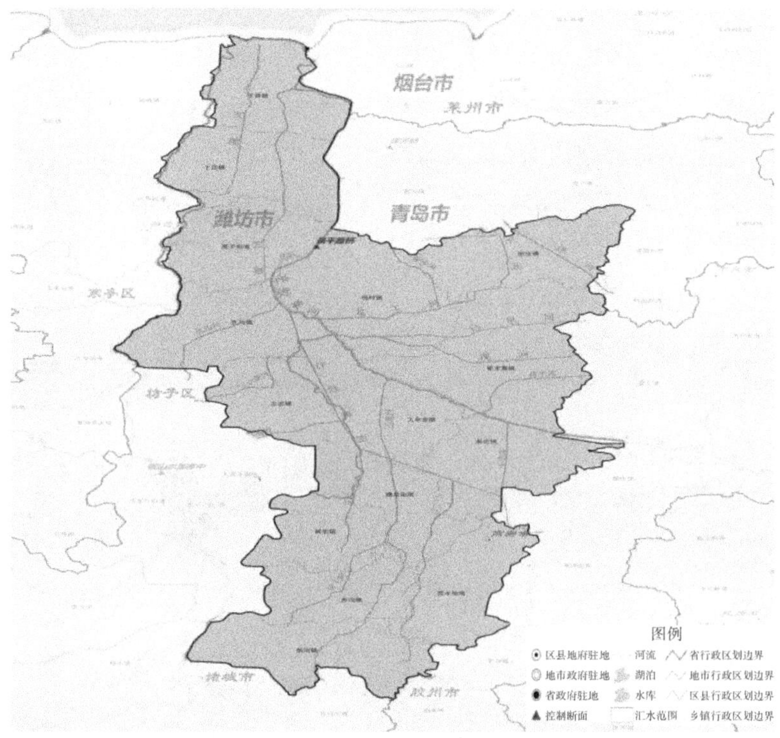

图 4-3　昌平路桥断面汇水范围示意图

2. 胶莱河氟化物

根据地方环境部门监测数据，南胶莱河干流水质监测断面的氟化物浓度变化情况如图4-4所示。2020—2023年，氟化物月均浓度范围为0.986～2.206 mg/L，平均值为1.25 mg/L，超标率为81%。整体来看，2020年的氟化物超标情况较为严重，且集中在8—12月，最大超标倍数为标准的2.21倍。2021年后，氟化物浓度逐渐趋于稳定，但仍处于经常性超标状态。

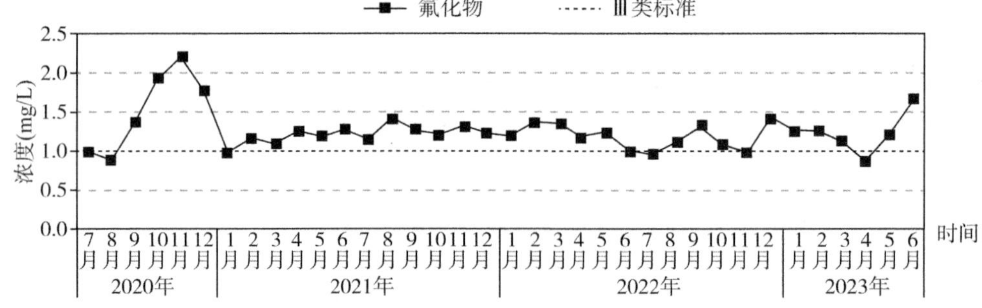

图 4-4　南胶莱河干流氟化物浓度变化

运用箱线图对南胶莱河干流水质监测断面的氟化物进行变化分析(如图 4-5)。可知各季节氟化物浓度较为稳定,分布基本相似,均值在 1.0～1.5 mg/L 之间,说明南胶莱河干流水质监测断面受季节影响较小。但 2—5 月、8—12 月的氟化物超标情况较为严重,超标率接近 100%。

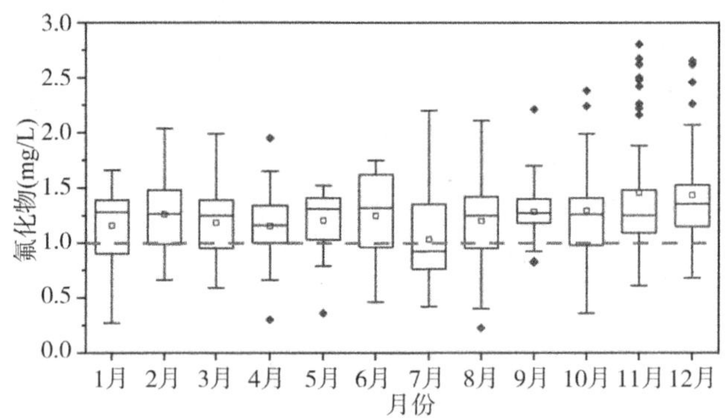

图 4-5　2022 年南胶莱河干流氟化物变化

对南胶莱河不同区域及各汇入河开展氟化物监测;发现南胶莱河干流地表水 pH 值在 8.0～9.5 之间,属于弱碱性;从空间分布看,上游 pH 值>中游 pH 值>下游 pH 值。南胶莱河干流氟化物浓度在 0.55～3.2 mg/L 之间,其中仅有一个点位浓度低于 1 mg/L,其余 9 个点位均超标,最大浓度为 3.2 mg/L,超标 2.2 倍。从空间分布看,南胶莱河上游、中游与下游的平均氟化物浓度分别为 2.65 mg/L、2.78 mg/L 和 1.07 mg/L,上游与中游为南胶莱河氟化物超标的重点区域。

南胶莱河各支流平均氟化物浓度中,仅有小清河氟化物浓度未超标,其余河流均存在超标现象,超标河流占比达 88.9%,超标监测点占比达 77.8%。其中,郭阳河氟化物浓度最高,达到 3.99 mg/L,超标 2.99 倍,其次是胶河和墨水河。

整体来看，南胶莱河干流随着地表径流来水量的增加，干流氟化物浓度呈下降趋势，氟化物高浓度区域集中在干流中上游。各支流中，郭阳河的氟化物浓度最高，其余支流氟化物浓度均低于干流浓度，说明其他汇入河流对南胶莱河氟化物浓度贡献有限。

根据北胶莱河昌平路桥断面 2020 年 8 月—2023 年 8 月共 37 次监测结果分析，氟化物月均浓度范围为 0.82～1.56 mg/L，平均值 1.21 mg/L。氟化物浓度超地表水Ⅲ类氟化物浓度（1.0 mg/L）29 次，占比 78%，其中氟化物浓度超过 1.5 mg/L 出现 2 次，占比 5.4%。2020 年 8—12 月氟化物浓度平均值为 1.25 mg/L，2021 年氟化物浓度均值为 1.13 mg/L，2022 年氟化物浓度均值为 1.28 mg/L，2023 年前 8 个月氟化物浓度平均值为 1.23 mg/L，均超过 1.0 mg/L。

结合降雨量分析，2021 年和 2022 年北胶莱河昌平路桥断面氟化物最大值均出现在 1 月，最小值均出现在 7 月。北胶莱河昌平路桥断面氟化物浓度与降雨量有一定关系，这可能是由于北胶莱河及其支流均为雨源性河流，无雨期河道干涸或仅存少量积水，地表水水位下降，存在地下水补给地表水的可能，详见图 4-6。

图 4-6　昌平路桥断面 2020 年—2023 年氟化物浓度与降雨量变化趋势图

根据北胶莱河干流各监测点位氟化物检测的历史资料分析，北胶莱河干流各监测点位地表水氟化物浓度范围在 1.26～2.24 mg/L，均超过 1.0 mg/L，超标率为 100%，如图 4-7 所示。

为了解北胶莱河干支流氟化物含量水平，2023 年 8—9 月相关责任部门分别对境内主要支流及入河口断面进行了氟化物监测，监测结果见图 4-8。

结果表明，干支流断面氟化物浓度范围为 0.76～2.67 mg/L，平均值为 1.55 mg/L。北胶莱河各支流中，除鱼池河和小河两条二级支流氟化物含量小于 1.00 mg/L 外，其他支流断面氟化物含量均大于 1.00 mg/L。其中小新河、五龙河、柳沟河和小康河上游段入北胶新河断面氟化物含量在 1.02～1.23 mg/L 之间，而小新河、五龙河、柳沟河和小康河下游段入北胶莱河断面氟化物含量在 2.02～2.65 mg/L 之间，超过 2.00 mg/L。北胶莱河右岸其他两条支流龙王河、现河(下)3 个断面氟化物含量在 1.54～2.62 mg/L 之间。从北胶莱河干支流氟化物空间分布来看，地表水氟化物分布区域与胶莱盆地地方性氟中毒分布区域基本一致，重病区主要分布在胶莱河两岸，呈 EW 向条带，沿胶莱河向两边外扩，病情逐渐减弱。

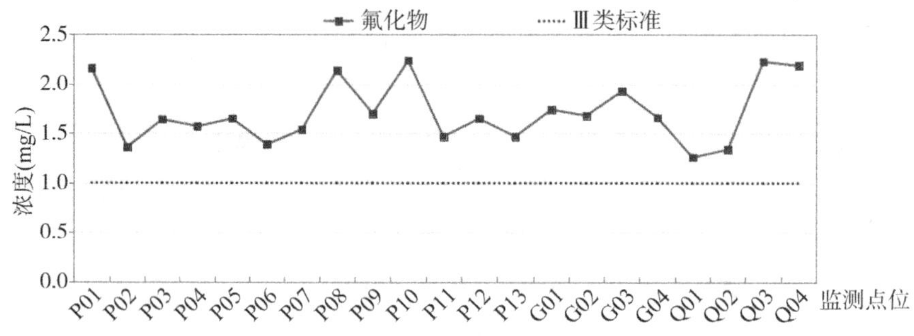

图 4-7　北胶莱河干流沿程氟化物含量分布图

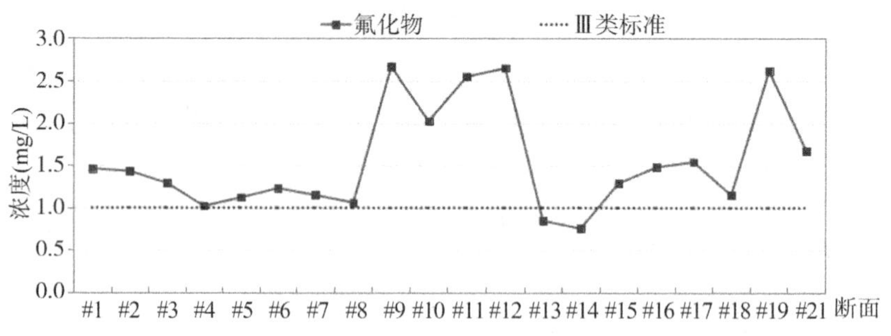

图 4-8　北胶莱河干支流氟化物监测结果

3. 地下水氟化物

南胶莱河干流周边地下水 pH 值在 6.9～7.6 之间，干流周边地下水整体上处于偏碱性环境。南胶莱河干流周边区域地下水氟化物浓度在 0.27～4.91 mg/L 之间，地下水氟化物存在超《地下水环境质量标准》(GB/T 14848—2017)Ⅲ类水质标准现象。南胶莱河干流周边地下水氟化物浓度空间分布与地表水氟化物浓度分布相一致，说明地表水与地下水之间存在交汇。

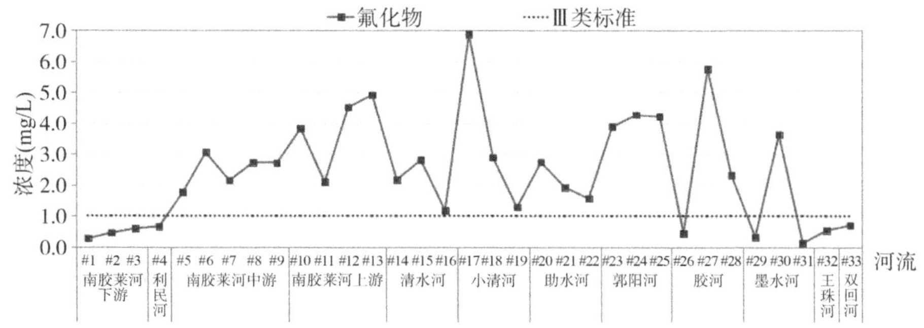

图 4-9　南胶莱河地下水中氟化物监测结果

根据监测结果，南胶莱河支流周边地下水氟化物浓度差异明显(图 4-9)。利民河、王珠河和双回河周边地下水氟化物浓度低于 1.0 mg/L，其余支流周边地下水氟化物浓度明显升高，其中，郭阳河浓度最高，达到 4.11 mg/L，其次是小清河 3.68 mg/L。从趋势上看，南胶莱河各支流周边地下水氟化物浓度空间分布规律与地表水相一致，说明各支流地表水与周边地下水氟化物存在相关性。氟化物大于 1.0 mg/L 的监测点 24 个，占比 73%。南胶莱河干流周边地下水氟化物浓度，从上游到下游呈下降趋势，中上游区域周边氟化物浓度均高于 2.0 mg/L。各支流中，郭阳河、小清河、胶河周边地下水氟化物浓度较高。

2023 年 8 月，相关责任部门分别对辖区内进行浅层地下水氟化物监测(高密市 15 个点位，平度市 144 个点位)。氟化物浓度值超过 1.0 mg/L 的点位达 114 个，占比达 71.7%。其中，平度市 103 个点位超过 1.0 mg/L，63 个点位超过 2.0 mg/L，33 个点位超过 4.0 mg/L，氟化物浓度最大值为 15.9 mg/L。平度市地下水高氟区位于平度市明村镇南部、崔家集北部及田庄镇部分地区；高密市 12 个点位超过 1.0 mg/L，7 个点位超过 2.0 mg/L，3 个点位超过 4.0 mg/L，氟化物浓度最大值为 4.95 mg/L。结合平度市和高密市 2019 年地下水监测数据(高密市 32 个点位，平度市 52 个点位)，氟化物浓度值超过 1.0 mg/L 的点位达 71 个，占比达 84.5%，可以认为区域内地下水存在氟化物浓度普遍偏高的现象。

从空间分布来看，沿北胶莱河干流及主要支流的地下水氟化物含量均较高，昌平路桥国控断面附近地下水氟化物含量为 2.62 mg/L。东支龙王河、白里河和现河(下)沿线氟化物含量均很高，含量在 4.3～15.9 mg/L 之间，平均值为 6.5 mg/L，其中最大值位于明村镇柳行，氟化物高达 15.9 mg/L；西支北胶新河、五龙河、柳沟河沿线氟化物含量也较高，含量在 4.5～15.6 mg/L 之间，平均值为 8.5 mg/L，其中最大值位于大牟家镇谭家庄，氟化物高达 15.6 mg/L。地下水中氟化物含量分布如图 4-10 所示。

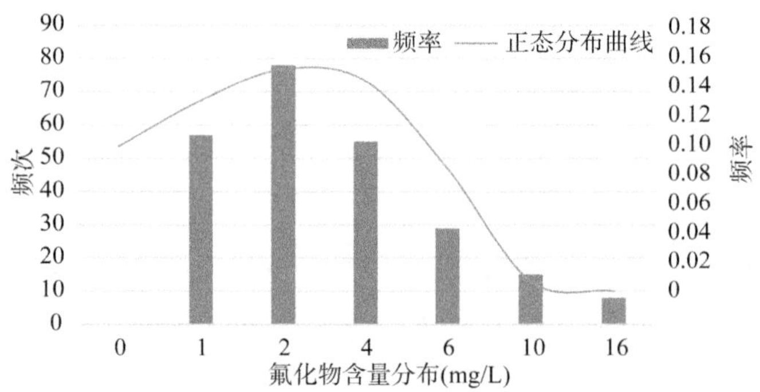

图 4-10　区域地下水氟化物含量正态分布直方图

徐立荣等的研究结果表明，平度市地下水中氟化物含量范围为 0.2～18.6 mg/L，其中氟化物浓度小于 1.0 mg/L 的区域占平度市总面积的 66.53%，广泛分布于平度市的东北部地区，以马家沟为中心，以西分布在泽河以南，以东经过张戈庄，至冷戈庄以北的狭长带状区域，地下水类型主要为第四系孔隙水；氟化物浓度在 1.0～2.0 mg/L 的区域，占平度市总面积的 24.92%，主要分布在平度市的中西部地区，从西向东，沿着马戈庄镇、张舍镇、李园街道办、张戈庄镇、万家镇、郭庄镇等海拔大于 20 m 的地区分布；氟化物浓度在 2.0～4.0 mg/L 的区域，占平度市总面积的 2.36%，主要分布在平度市西南部的明村镇北部、白埠镇南部、万家镇南部以及兰底镇，海拔约为 10～20 m；氟化物含量大于 4 mg/L 的高氟水区域，占平度市总面积的 6.19%，主要分布在北胶莱河岸的明村镇东南部、万家镇南部、兰底镇南部，这些地区地势低洼，海拔多在 10 m 以下。总体上，平度市地下水氟化物含量的空间分布随着地势的降低而升高，呈东北低、西南高的特点(见图 4-11)。

高密市地下水化学特征受地形地貌、含水层岩性等因素控制，呈现出明显的水平分带特征。与韩晔等《山东省高密市高氟区地球化学及水文地球化学特征》研究结果基本一致(见图 4-12)。

氟化物含量小于 1.0 mg/L 的地下水主要分布在南部低缓丘陵区的注沟、方市、土庄、王吴、李家营及中部低分水岭区的井沟、田庄等地，胶莱河沿岸也有局部地段存在低氟水。基本是 40 m 等高线以上的低缓丘陵地区，该区地形起伏较大，地表水循环和地下水循环较快，垂向及水平径流迅速。地下水类型以 HCO_3-Ca 型水为主，阳离子中 Na^+、Mg^{2+}，阴离子中 Cl^- 含量较小，50%属于碳酸盐硬度，面积约占高密市辖区面积的 51%。

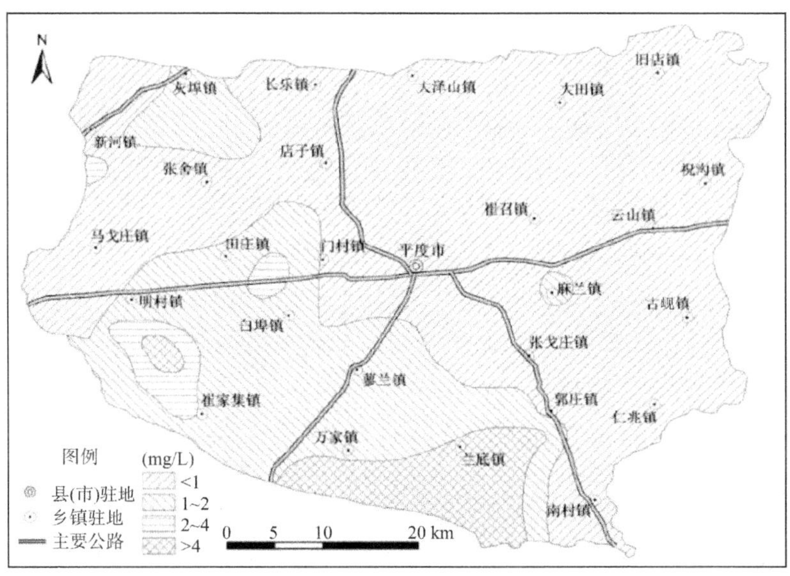

图 4-11　平度市地下水中氟化物空间分布图

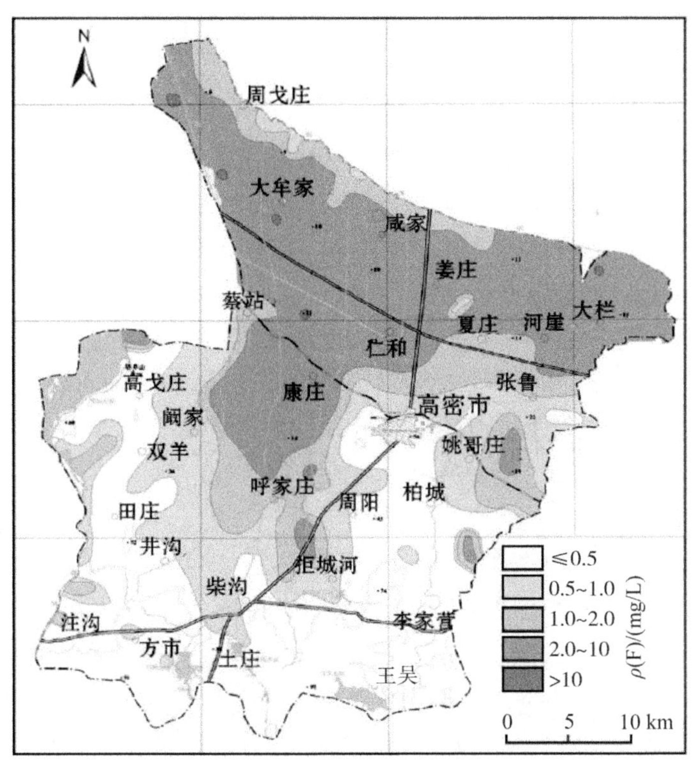

图 4-12　高密市地下水中氟化物空间分布图

氟化物含量在 1.0～2.0 mg/L 的地下水主要分布在中部剥蚀平原区，基本是海拔 15～40 m 等高线包围的地区。该区地形起伏渐缓，是由低缓丘陵到冲积平原的交接地带，仍有一定的地势起伏，地表径流与地下径流也比较迅速，地下水更替速度较快。阳离子以 Ca^{2+} 为主，Mg^{2+}、Na^{+} 相对含量较小，阴离子以 HCO_3^- 为主，Cl^- 和 SO_4^{2-} 含量相对较小。在该区 Na^+、Cl^- 和 SO_4^{2-} 已开始逐渐增多，水质已经体现出由源到汇的渐变和过渡过程。

氟化物含量在 2.0～4.0 mg/L 的地下水主要分布在北部冲积平原区，基本是 15 m 等高线以下的区域。该区为第四系所覆盖，地形平坦，地下水径流缓慢，地下水化学类型呈现明显的分带性。在姜庄镇李仙庄、王家寺以及胶莱河沿线的周戈庄、槐家村一带，由于存在隐伏古河道带，并且开采量较大，因此地下水更替频繁，呈现低矿化度的良好水质特征，阳离子以 Ca^{2+} 和 Na^+ 为主，阴离子以 HCO_3^- 为主，Cl^- 和 SO_4^{2-} 含量相对较小。

在大牟家、咸家、大栏、河崖等地，地下水氟化物含量多在 2～4 mg/L 之间，局部在 4～11 mg/L 之间，该地区地势平缓，水平径流缓慢，浓缩作用显著，因此矿化度一般在 2g/L 以上，阳离子以 Na^+ 为主，阴离子以 Cl^- 和 SO_4^{2-} 为主，地下水中溶质以强碱强酸盐为主，该区呈现多种水化学类型相混合的特征。

4. 底泥氟化物

南胶莱河上、中、下游底泥中总氟化物浓度分别为 443 mg/kg、378 mg/kg 和 419 mg/kg，上、中、下游区别不明显。总氟化物最大值为 558 mg/kg，位于上游区域。支流中底泥总氟化物浓度在 333～510 mg/kg 范围，清水河浓度最大，各支流底泥总氟浓度差异较小，见图 4-13。

水溶性氟化物方面，南胶莱河上、中、下游底泥中浓度分别为 20.6 mg/kg、15.0 mg/kg 和 17.8 mg/kg，整体看区域浓度较为接近，区别不明显。水溶性氟化物最大值为 27.4 mg/kg，位于上游区域。支流中底泥水溶性氟化物浓度在 12.3～36.8 mg/kg 范围，最大值出现在清水河，各支流底泥水溶性氟化物浓度变化规律与总氟化物浓度相一致，见图 4-14。

底泥中水溶性氟和总氟的分布特征基本一致，原因主要有以下几方面：(1)主要来源一致，水溶性氟和总氟化物均与研究区的岩土环境有密切的关系，主要物质均源于区域沉积作用；(2)动力条件一致，南胶莱河的全氟和水溶性氟一方面由区域环境造成，另一方面由水流挟带而来，同样的水动力环境导致形成的分布规律比较接近；(3)水溶性氟本是总氟化物的一部分，当其他影响因素影响不太强烈时，两者的分布特征基本一致。

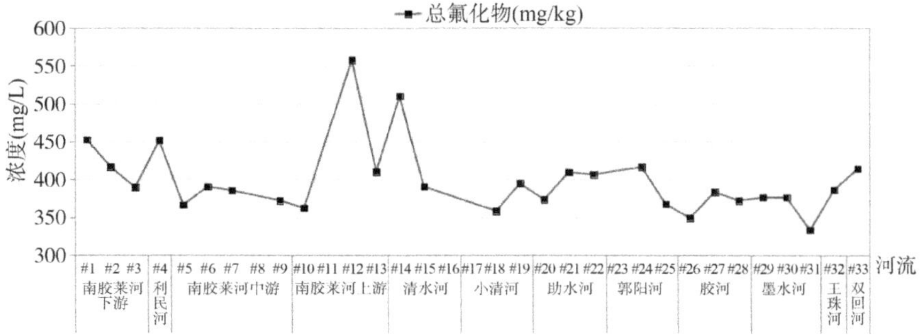

图 4-13　南胶莱河底泥总氟化物监测结果

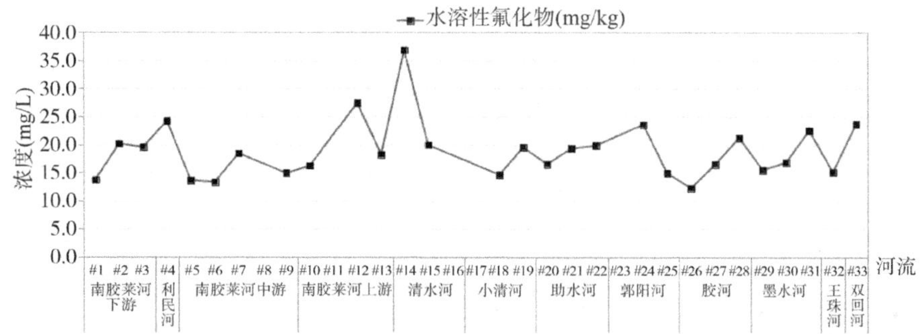

图 4-14　南胶莱河底泥水溶性氟化物监测结果

为了解土壤环境与水环境中氟含量的转化相关性，研究人员在河流周边区域钻探打井，分析地表土壤及不同深度的岩芯。根据监测结果可以看出，不同区域土壤中的总氟化物分布规律略有差异(表 4-1)。南胶莱河上游土壤总氟浓度随着深度的增加逐渐升高，中游呈现先增加后降低的趋势，在 1.5～3.0 m 之间浓度最高，为 340 mg/kg，而下游在 0～6.0 m 基本不变。

表 4-1　南胶莱河周边区域土壤总氟化物含量

(单位：mg/kg)

点位名称	0.0～0.2 m	0.5～1.5 m	1.5～3.0 m	3.0～6.0 m	6.0～7.0 m
＃1	224	224	222	225	320
＃2	264	322	340	335	346
＃3	263	265	271	287	296
＃4	206	236	247	290	310
＃5	239	249	288	294	295
＃6	288	301	314	335	339

不同深度土壤的水溶性氟化物浓度在 4.4～28.6 mg/kg 范围(表 4-2)，南胶莱河上、中、下游土壤水溶性氟浓度均随深度的增加而升高，但相比于上、下游，中游区域水溶性氟化物浓度最高。支流中清水河和胶河土壤水溶性氟浓度随深度的增加而升高，墨水河则先升高后降低。整体看，各区域水溶性氟化物浓度远高于世界平均水平。

表 4-2　南胶莱河周边区域土壤水溶性氟化物含量

(单位:mg/kg)

点位名称	0.0～0.2 m	0.5～1.5 m	1.5～3.0 m	3.0～6.0 m	6.0～7.0 m
♯1	4.7	4.4	5.5	10.4	13.9
♯2	12.3	14	18.8	24.9	26.2
♯3	7.3	10.2	9.2	12.2	21.7
♯4	7.7	26.2	27.2	28.6	23.9
♯5	8.5	9.9	11	13.1	17.6
♯6	15.5	16.7	26.1	26.6	27.1

2023 年 8 月，高密市对北胶莱河干流及主要支流入河口土壤样品开展了 15 个点位可溶性氟化物监测，结合平度市 2019 年开展的 5 个土壤样品可溶性氟化物监测数据分析。北胶莱河流域土壤样品中可溶性氟化物的含量在 2.11～38.6 mg/kg，平均值为 17.17 mg/kg，远高于我国东北、华北、西北地区沉积物中可溶性氟平均含量(约 5 mg/kg)。20 个监测点位中可溶性氟化物含量在 5 mg/kg 以上的有 18 个，最大值出现在昌平路桥断面下游 5 km 河右岸，左岸柳沟河、五龙河、小新河入北胶莱河口氟化物含量均在 30 mg/kg 以上。北胶莱河沿岸及支流地区土壤中水溶性氟化物含量较高，具有较高被人类和动植物吸收的风险。

5. 原因分析

胶莱盆地属于半湿润气候带受季风气候影响，具有降水量小、蒸发量大、降雨与蒸发年内分配不均等特点。胶莱河流域降雨量少，蒸发作用强，不论是平度市还是高密市，多年平均水面蒸发量均是降雨量的 2 倍以上。同时，年内降水极不均匀，年降水多集中在汛期，占全年降水量的 78.9%。每年 5—6 月，由于灌溉用水量大，加上长时间缺雨，地下水位相对较低;7—9 月，土中的含氟盐分随着大气降水及地下水淋溶作用进入地下水，地下水水位上升，但氟化物也进一步富集。

北胶莱河流域年均降水量652～821 mm，多年平均年降水量为669.2 mm，多年平均年径流深124.9 mm，年均蒸发量1 721～1 984 mm，在该区蒸发量是降水量的2～3倍，全年5月至6月蒸发量最大，地下水位相对低位，强烈的蒸发作用致使浅层地下水沿包气带土体毛细管孔隙上升蒸发，包气带土壤氟含量逐步聚集增高；7月至9月，随着降水量的增加，在包气带土壤中发生溶滤、扩散、离子吸附等一系列物理化学作用，包气带土层本身吸附以及蒸发时沉淀滞留在土中的含氟盐分通过大气降水及地下水淋溶作用进入地下水，形成高氟地下水。此外，由于本地区降雨分配不均，北胶莱河来水亦主要集中在7—9月雨季丰水期，其余时间在强烈的蒸发作用下，北胶莱河水容量不断减少，盐分不断累积，由其他来源汇入的氟化物在北胶莱河水体中不断富集浓缩，促进了北胶莱河水环境高氟环境的形成。

胶莱盆地在第四纪早期接受了大量的由四周白垩纪火山岩及火山碎屑岩风化后产生的松散堆积物。参考研究区位于胶莱盆地高密市，由高宗军等人在《山东高密高氟地下水成因模式与原位驱氟设想》一文中提出的山东高密高氟区岩石含氟背景值见表4-3。胶莱盆地四周白垩纪火山岩及火山碎屑岩风化产生的松散堆积物存在大量含氟的矿物质，含氟矿物经风化水解作用，使氟迁移入地下水中，成为南胶莱区地下水氟离子的主要物质来源，并可能是南胶莱河氟化物的来源之一。

表4-3　山东高密高氟区岩石含氧背景值

地层	岩性	氟含量(μg/g)	平均值(μg/g)
莱阳群	含砾砂岩	180	420
	砂岩	370	
	粉砂岩	390	
	页岩	740	
青山群	火山碎屑岩	490	465
	火山熔岩	440	
	膨润土	1 105	
王氏群	砾岩	600	580
	砂岩	540	
	黏土岩	600	

北胶莱河地处胶莱盆地，区内广泛发育含氟量较高的第四系松散沉积物、中生代青山群和王氏群，第四系松散沉积物的厚度为6.30～28.00 m。自白垩纪早期开始，构造运动与火山活动强烈，沉积了巨厚的火山岩及火山碎屑岩。新生

代早期沉积间断至新近纪晚期，沉积了底部含枕状熔岩的临朐群的牛山组，以黑绿色厚层橄榄玄武岩、气孔状玄武岩为主。进入第四纪之后，沉积未曾间断，但是沉积范围和规模不大，且在逐渐缩小。这些均反映出此时较为稳定的地质环境条件，为该区高氟地下水的形成奠定了有利的地质构造背景。白垩纪莱阳群碎屑岩类、火山岩类和王氏群沉积碎屑岩类，不仅氟含量高，而且易溶系数较大，是该区的主要供氟源（表 4-4）。在表生条件下，大气降水、地表径流和裂隙水都能从白垩纪青山群碎屑岩、火山岩和王氏群沉积碎屑岩中淋溶活化迁移出部分氟，进而经地表径流（河水、洪水）迁移到相对低洼地方富集。

表 4-4　高密市高氟区不同地层岩石中氟含量背景值

地层	岩性	氟含量（mg/kg）	平均含量（mg/kg）	易溶系数（%）	易溶氟平均含量（mg/kg）
莱阳群	含砾砂岩	180	420	0.12	0.08
	砂岩	370			
	粉砂岩	390			
	页岩	740			
青山群	火山碎屑岩	490	465	1.47	8.36
	火山熔岩	440			
	膨润土	1 105			
王氏群	砾岩	600	580	3.40	19.21
	砂岩	540			
	黏土岩	600			
第四系	灰褐色黏土	550	584	5.06	29.76
	黄褐色黏土	630			
	砂	490			
	含钙质结核黏土	640			
	钙质结核	560			

南胶莱河地表水中的主要离子以 Na^+ 和 Cl^- 为优势组分，主要水化学类型为 Cl · HCO_3^--Ca · Na 和 Cl-Mg · Na · Ca 型。南胶莱河地表水水化学的成因以及氟化物富集与区域蒸发浓缩作用、溶解沉淀作用、离子交换作用等均有密切关联。南胶莱河周边地下水中阳离子以 Ca^{2+}、Na^+、Mg^{2+} 为主，阴离子以 HCO_3^- 为主，与河区地表水体总体规律基本一致。地下水化学类型为 HCO_3^--Ca、HCO_3^--Ca · Na、HCO_3^--Ca · Mg 型，与相关文献中山东东部地区高氟地下

水化学类型的表征相吻合。地下水化学成因主要受到岩石风化作用及蒸发作用影响，氯碱指数分析和水文地球化学模拟结果表明，区域地下水中岩盐和石膏等矿物都未达到饱和状态，白云石和方解石等矿物已达到饱和状态。萤石矿物的溶解沉淀和离子交换作用是氟离子持续释出的一个重要因素。

不论是平度市还是高密市，高氟地下水主要分布在低洼地区，随着高程的降低而逐渐增高。北胶莱河沿岸高程在 20 m 以下时，地势平坦，地下水水平径流滞缓，水位埋深浅，地下水以垂直交替为主，蒸发强烈，地下水中氟的含量开始升高，超过 3.0 mg/L，局部地段能超过 15 mg/L。高树东在其学位论文《潍坊市地下水资源评价》中指出，当河道水位低于两岸地下水位时，河道排泄地下水，排泄的水量称为河道排泄量。根据实测径流资料和地下水动态监测资料分析，胶莱河干流及其较大支流存在河道排泄地下水的现象。胶莱河年均河道排泄地下水总量为 118.60 万 m^3。因此，在排除了其他污染源后，与地表水之间水力联系密切的高氟浅层松散岩类孔隙地下水是导致地表水中氟化物含量增高的主要原因。

第二节

鲁西南区域

1. 菏泽市断面

(1) 河流基本情况

菏泽市地处黄淮海平原腹地、鲁西南黄河冲积平原地区，是山东省内人口密集区、重要农作区和能源化工基地。菏泽市除黄河滩区 379 km^2 为黄河流域外，其余均为淮河流域。内河主要有洙赵新河、东鱼河、万福河、太行堤河、黄河故道 5 个水系，均流入南四湖。东北部郓城新河下段出境后流入梁济运河。菏泽市流域面积大于 30 km^2 的内河河沟共 199 条，总长 3 157 km，其中，流域面积大于 300 km^2 的主要河流总长度 881.4 km。境内河流丰枯变化大，属季节性河流。黄河自王夹堤进入菏泽市，经东明县、牡丹区、鄄城县、郓城县四县区，至高堂进入梁山县境内。

黄河：处在菏泽市的西北、北部边界，是我国第二大河。黄河泥沙在下游淤积，河床高出地面 4～6 m，使黄河下游成为一条世界上著名的地上悬河。黄河自东明焦园王夹堤向西进入山东境内，据东高村水文站观测，黄河多年平均流经菏泽市水量 343.9 亿 m^3，是菏泽市乃至山东省的主要客水资源。现在已建成引黄闸 9 处和引黄灌区 8 处，设计引黄流量 405 m^3/s，引黄送水干线 8 条，设计输水流量 264 m^3/s。

洙赵新河：源于东明县穆庄西，流经东明、菏泽、郓城、巨野、嘉祥，由济宁西郊安兴集入南四湖；河流总长 140.7 km，共辖 15 条支流，流域面积 4 206 km^2，多年平均径流量 3.27 亿 m^3，最大泄洪能力 1 220 m^3/s。境内洙赵新河上设有东圈头和于楼两个国控断面(图 4-15、图 4-16)，均于 2022 年 12 月通过环境本底值认定。

洙水河：为洙赵新河的一条支流，源于菏泽市区西郊杨店东鱼河北支，经定陶县陈集镇、半堤乡，巨野县孟海镇、柳林镇、田桥乡，于巨野县毛官屯注入洙赵

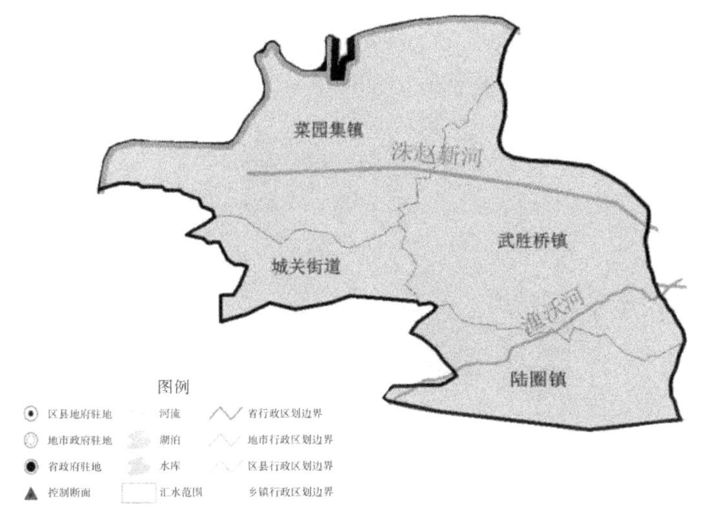

图 4-15　东圈头国控断面汇水范围示意图

图 4-16　于楼国控断面汇水范围示意图

新河，全长 63.5 km，流域面积 63.4 km^2，主要支流有长店沟、范阳河、薛寨渠、万福集沟、木河。

东鱼河：原名红卫河，是 20 世纪 60 年代后期在万福河以南地区新开挖的一条大型骨干排水河道。由东鱼河北支、东鱼河南支构成。起自东明县刘南楼，流经菏泽市曹县、定陶、成武、单县、鱼台，在鱼台西姚村北入昭阳湖，全长 172.1 km，其中境内长 123.2 km，流域面积 5 923 km²。主要支流有赵王河、新冲小河、三干沟、白花河、团结河、胜利河、黄白河。境内东鱼河上设有徐寨国控断面，于 2022 年 12 月通过环境本底值认定。

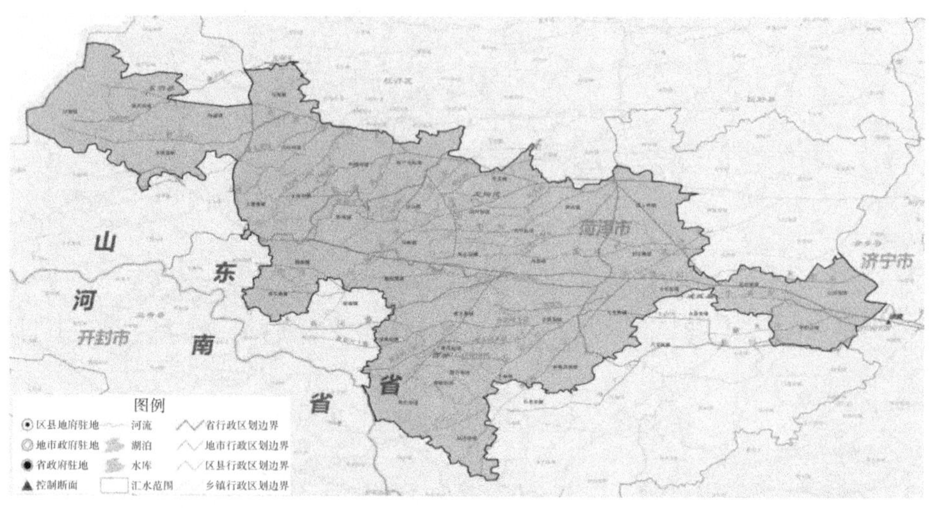

图 4-17　徐寨国控断面汇水范围示意图

万福河：起源于定陶区仿山，下游于济宁渔湾村入南四湖。万福河分上下两段，大薛庄以上属东鱼河水系，以下为万福河干流。大薛庄以下到湖口全长 77.3 km，境内河长 36.3 km，菏济两地市边界流域面积 430 km²。

（2）地表水氟化物含量

2014—2018 年菏泽市水质监测断面氟化物统计特征见表 4-5。

表 4-5　2014—2018 年菏泽市地表水中氟化物含量统计

年份	采样数（个）	最大值（mg/L）	最小值（mg/L）	平均值（mg/L）	超标个数（个）	超标率（%）
2014 年	118	2.07	0.45	0.94	32	27.12
2015 年	85	3.67	0.42	0.94	25	29.41
2016 年	91	2.23	0.34	1.13	47	51.65
2017 年	127	3.6	0.43	0.98	48	37.80
2018 年	105	3.38	0.36	0.93	35	33.33

根据菏泽市河流断面2014年至2019年逐月的历史监测资料可知：

2014年各监测断面大多数月份监测时段氟化物含量未超1 mg/L，其中于楼、徐寨断面处各月份监测时段氟化物含量数值较高，且各断面氟化物含量在枯水期时段明显高于丰水期。南王店、杨官屯、赵海断面处氟化物含量较高，月际变化明显。

2015年各监测断面中，徐寨断面各月份氟化物含量较高，且变化明显；杨官屯、赵海、魏楼、张庄断面各月氟化物含量较高，变化明显；于楼断面处断流，无数据。

2016年各河流监测断面中，于楼、徐寨断面处各月氟化物浓度较高，且变化趋势明显；杨官屯、赵海、关桥、魏楼、张庄断面处各月氟化物浓度较高，且3月份、7月份、10月份氟化物含量皆明显高于其他月份；薛庄闸、后牛楼、湘子庙断面处断流，无数据。

2017年各河流监测断面中，于楼、徐寨、湘子庙断面各月份氟化物含量较高，月际变化明显；南王店、杨官屯、赵海、关桥、魏楼、张庄、薛庄闸断面在3月、5月、7月份氟化物含量较高；后牛楼断面断流月份较多。

2018年各河流监测断面中，于楼、徐寨、后牛楼、湘子庙断面处各月份氟化物含量较高，变化趋势明显；杨官屯、赵海、魏楼、薛庄闸断面处氟化物含量偏高，10月份氟化物含量最为突出。

2019年各河流监测断面中，湘子庙、徐寨断面处各月份氟化物含量偏高，变化趋势明显。

根据2014年至2018年河流断面历史监测资料进行逐月平均分布特征分析，可以看出：于楼、徐寨、湘子庙断面处月均氟化物含量值变化波动较大，其中1月、2月、5月、6月、7月、10月、11月、12月各断面月均氟化物含量值较高；杨官屯、赵海、魏楼断面处各月氟化物含量值皆较高，其中10月份氟化物含量均值最高，含量值变化波动明显。

根据2014年至2019年河流断面历史监测资料进行逐年平均分布特征分析，可以看出：于楼、徐寨、湘子庙断面处，各年年均氟化物含量值均较高；魏楼、杨官屯、赵海断面处，各年年均氟化物含量均较高；关桥、张庄断面2016、2017年年均氟化物含量较高，其他年份年均氟化物含量较低；薛庄闸断面2017、2018年年均氟化物含量较高，其他年份较低。

对2020年10月份和11月份及2021年4月份取样数据进行时间跨度分析统计特征值的结果如表4-6所示。

表 4-6　菏泽市地表水中氟离子特征值统计表

流域	取样时间	最小值(mg/L)	最大值(mg/L)	平均值(mg/L)
洙赵新河流域	2020 年 10 月	0.334	4.78	1.089
	2020 年 11 月	0.487	18.8	2.836
	2021 年 4 月	0.408	12.10	1.57
东鱼河流域	2020 年 10 月	0.273	2.14	0.873
	2020 年 11 月	0.849	1.84	1.186
	2021 年 4 月	0.377	1.37	0.931
全流域	2020 年 10 月	0.273	4.78	1.014
	2020 年 11 月	0.487	18.8	2.374
	2021 年 4 月	0.377	12.10	1.381

结合全流域地表水氟化物浓度统计特征值可以看出，2020 年 10 月份氟化物浓度范围为 0.273～4.78 mg/L，平均值为 1.014 mg/L。2020 年 11 月份氟化物浓度范围为 0.487～18.8 mg/L，平均值为 2.374 mg/L，2021 年 4 月份氟化物浓度范围为 0.377～12.1 mg/L，平均值为 1.381 mg/L，氟化物浓度平均值显示 11 月浓度>4 月浓度>10 月浓度，东鱼河流域地表水氟化物浓度在时间跨度上的数值统计特征与洙赵新河流域相似，地表水径流量减少时，水中氟化物浓度增加。

荷泽市河流地表水监测断面位置见图 4-18。

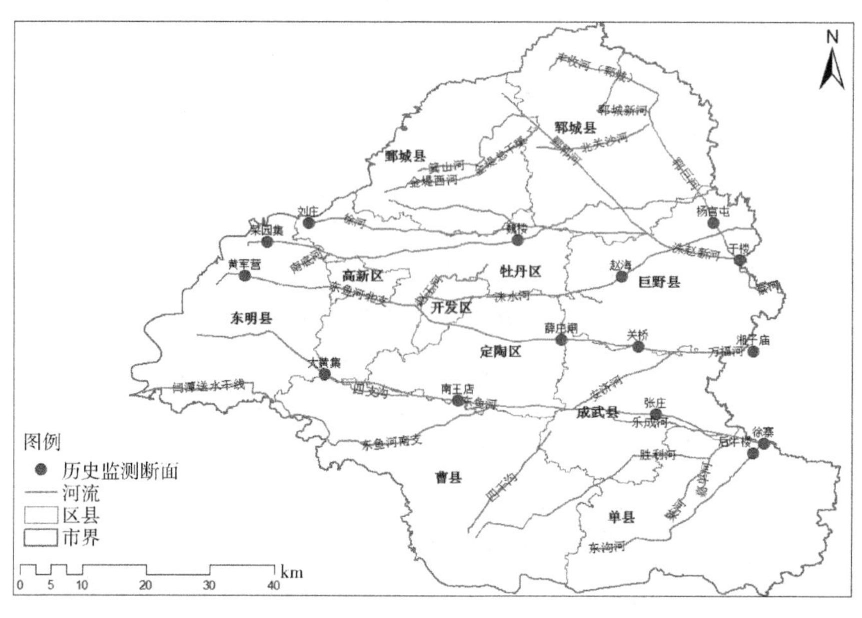

图 4-18　菏泽市河流地表水监测断面位置图

综合 2014 年至 2018 年历史监测资料分析，氟化物含量较高的河段，基本上分布在洙赵新河中游段、洙赵新河下游段、郓巨河下游段、洙水河中游段、万福河上游段、万福河下游段、东鱼河下游段。

洙赵新河流域与东鱼河流域同时表现出支流浓度大于干流、下游氟化物浓度大于上游的特点。一是因为下游地下水中氟化物浓度普遍较高，地下水中氟化物会随地下水补给地表水的过程进入到地表水中，使得河流中氟化物浓度升高；二是因为下游处断面有个别排污源向河中排放高氟水，使得断面处河水中氟化物浓度升高。洙赵新河流域及东鱼河流域地表水氟化物浓度空间分布与干流、支流及其水文特征有关。平水期水量较为充足，径流量较大，对河流中水化学成分浓度稀释作用较大，因而氟化物浓度较低。枯水期地下水补给地表水量普遍较高，地下水对地表水中氟化物浓度控制作用更为明显，所以流域内地表水氟化物含量普遍较高。

（3）浅层地下水中氟的分布

根据山东省国土测绘院对鲁西南地区地下水调查中获取的 159 件浅层水水化学分析资料样品可知，浅层地下水氟化物含量超标的样品占 56.5%，超标最高值达 6.35 mg/L。

研究区氟化物含量总体表现为自西向东逐渐增大的趋势（图 4.2-5）。

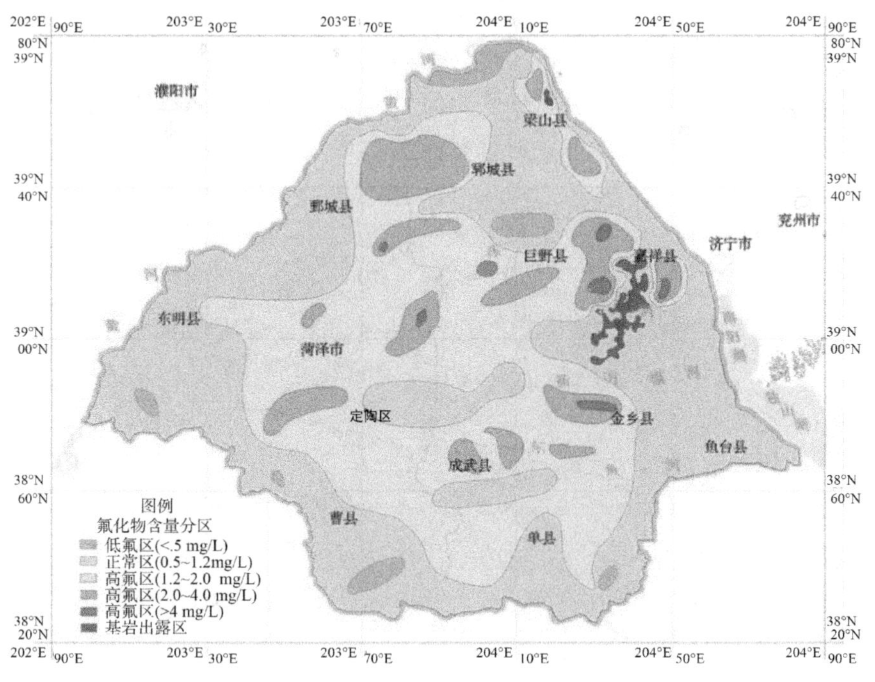

图 4-19　菏泽市浅层地下水水氟化物分布图

西侧沿黄地区氟离子含量大约在0.5～1.2 mg/L之间；中西部的鄄城—菏泽—定陶一带，氟离子含量约在1.2～2.0 mg/L之间，最大超过标准70%；中部的梁山—鄄城—巨野及成武一带，氟离子含量约在2.0～4.0 mg/L之间，超标70%～230%；中东部地区的嘉祥一带，氟离子含量大约为4.0～6.0 mg/L，超过标准230%～400%。由此可见，研究区氟离子含量具有一定的分带性。氟离子含量>4.0 mg/L的区域主要分布于嘉祥仲山镇一带和马村镇一带；氟离子含量<0.5 mg/L的区域分布于梁山北部沿黄地区、郓城的随官屯和郭屯一带、单县的蔡堂镇等地区；氟离子含量正常的区域主要分布于沿黄地区、黄河故道地区以及郓城县东部地区等地。

以菏泽市曹县为例，共采集浅层地下水样品96件，其地下水中氟浓度基本统计情况见表4-7。

表4-7 曹县浅层地下水中氟化物含量统计

项目	氟化物浓度范围(mg/L)				合计
	<1.0	1.0～2.0	2.0～3.0	≥3.0	
样品数(个)	46	34	11	5	96
比例(%)	47.92	35.42	11.46	5.21	100
平均值(mg/L)	0.61	1.47	2.33	3.34	7.75
变异系数(%)	36.93	19.90	12.88	16.56	86.27

从表4-7可以看出，研究区域浅层地下水氟浓度的平均值高于国家饮用水标准，属于典型高氟地下水区。在96个水样中，氟浓度低于1.0 mg/L的样品有46个，占全部的47.92%，而高于1.0 mg/L的样品共有50个，占全部的52.08%，高氟水浓度主要集中在1.0～2.0 mg/L，共34个样品，占全部高氟水样品的68%；而氟浓度高于3.0 mg/L的地下水样品数量很少，只有5个。浅层地下水氟浓度在1.0～2.0 mg/L、2.0～3.0 mg/L以及大于3.0 mg/L范围内的变异系数均小于20%，表明地下水氟元素分布均匀，在小于1.0 mg/L范围内的变异系数为36.93%，表明地下水氟元素分布较均匀，而在全部范围内的变异系数为64.68%，表明研究区域地下水氟元素分布极不均匀，空间变异性强。地下水氟浓度范围变化较大，由低浓度到高浓度呈递减趋势。

根据调查结果，浅层地下水氟浓度超标率最高的地区为韩集镇、郑庄镇和普连集镇，超标率为100%；氟浓度平均值最高的地区为阎店楼镇，平均值为1.95 mg/L，氟浓度最大值也出现在阎店楼镇，为4.32 mg/L；绝大部分地区地下水中氟超

注：①由于四舍五入原因，数据加和可能存在微小差异。

标，该区域水氟明显超标。

根据地下水氟浓度与对应的采样点坐标，运用 Surfer 软件生成研究区域地下水氟浓度的等值线图和三维立体图，分别见图 4-20 和图 4-21。

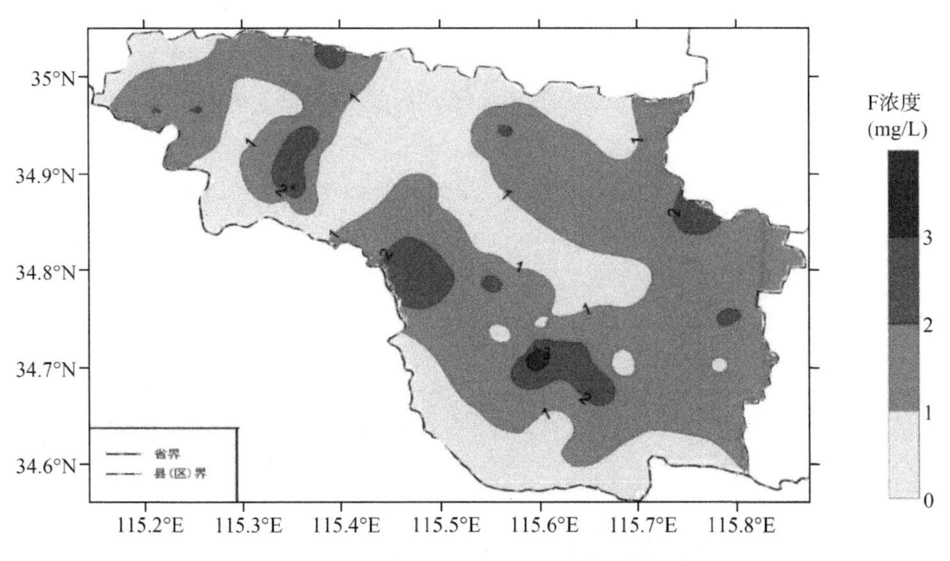

图 4-20 菏泽市曹县地下水中氟浓度等值线图

图 4-20 表明在常乐集镇—魏湾镇、阎店楼镇—安才楼镇、郑庄镇和普连集镇地区，地下水氟浓度相对较高，大部分在 2.0 mg/L 以上。这些乡镇处于黄河故道地区，地势平坦，地下水流动缓慢，在强蒸发条件下，氟离子容易富集形成高氟水。而地下水氟浓度低于 1.0 mg/L 的地区主要集中在青岗集镇—砖庙镇—倪集—孙老家以及朱洪庙镇—梁堤头—仵楼镇。其中，青岗集镇—砖庙镇—倪集—孙老家地貌类型属于河滩高地，地下水径流较快，县城东南的八里湾水库是由古黄河决口冲积而成的低洼潭坑，加快了地下水的交替循环，地下水氟离子浓度较低；县城南部的朱洪庙镇—梁堤头—仵楼镇一带水系发育较好，例如朱洪庙镇境内的界牌水库、梁堤头境内的郑阁水库以及仵楼镇境内的鸭子圈和东河潭，这些水库、河道都加快了地下水的交替循环，地下水氟浓度较低。

将地下水中氟化物含量分为四个等级，氟化物含量大于 1 mg/L 的高氟地下水面积所占比重为 62.18%，几乎遍布整个研究区域，其中含量 1～2 mg/L 的高氟水分布面积最大，占研究区域的 55.16%，呈大块面状集中分布在研究区的西北角和东部地区；含量 2～3 mg/L 的高氟水分布面积较小，占研究区域的 6.80%，呈小块面状零星分布在研究区的西部与南部地区；含量大于 3 mg/L 的高氟水分布面积仅占研究区域的 0.22%，呈小块面状分布在曹县南部；而含量小于 1 mg/L 的低氟水分布面积占研究区域的 37.82%，呈面状集中分布在研究区的西北边缘地带、中部以及南部边缘地带，另有个别低氟区呈斑状嵌布在高氟水区。

图 4-21 精确地显示了地下水中氟浓度的分布情况，可以看出地下水中氟的分布比较复杂，高氟水区被低氟水区包围，而低氟区周围又是高氟区，因此研究区域高氟地下水是呈环状、片状分布的，而不是整块分布。这是由于黄河历次决口泛滥所形成的多种地貌类型对地下水径流有影响，而径流是影响地下水氟浓度的重要因素之一，地下水径流条件越好，氟越容易流失，水氟浓度就越低，反之水氟浓度就会超标。总体来看，高氟水区主要分布在河槽地、缓平坡地、浅平洼地等地势平坦、远黄河泛滥带地区，这些地区地下水径流条件较差，水氟浓度较高；低氟水区分布在决口扇形地、河滩高地等水系发育较好、近黄河泛滥的地区，这些地区地下水径流条件良好，水氟浓度较低。

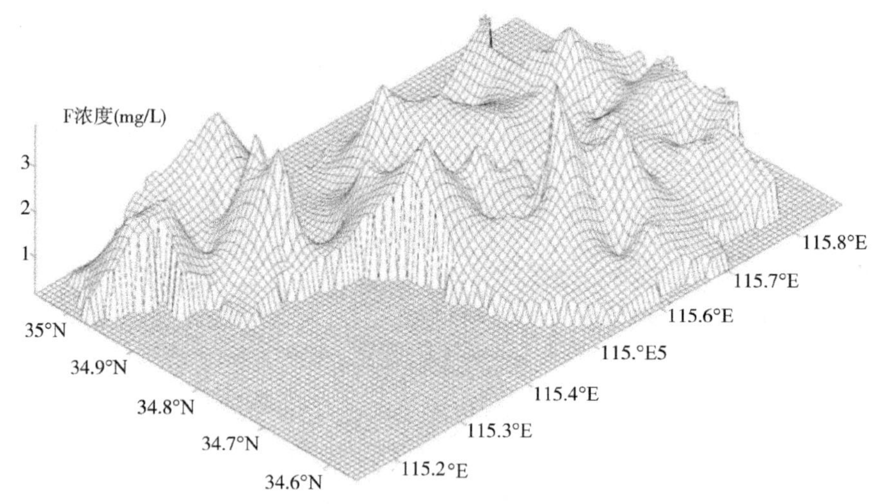

图 4-21　菏泽市曹县地下水氟浓度三维立体图

(4) 土壤氟化物含量

研究共采集表层土壤样品(0～20 cm)34 件，包括耕地土壤 20 件和林地土壤 14 件，深层土壤样品(0.5～30 m)34 件，其土壤氟化物含量的基本统计见表 4-8。

表 4-8　土壤氟化物含量的基本统计

类型	土壤样品数(个)	最小值(mg/kg)	最大值(mg/kg)	几何均值	几何标差	偏度	变异系数(%)
表层	34	325.75	574.25	455.95	1.13	−0.29	12
深层	34	257.38	769.43	470.94	1.32	0.26	27

研究区域表层土壤氟化物含量的范围为 325.75～574.25 mg/kg，基准值为 357.08～582.20 mg/kg，平均值为 455.95 mg/kg，与我国土壤氟背景值的平均值（453 mg/kg）相当，而高于李日邦等在《我国不同地理条件下耕作土中的氟及其与地方性氟中毒的关系》中报道的耕地土壤氟化物含量背景值 430 mg/kg；偏度为负且较小，为左偏态，说明研究区域表层土壤氟化物含量大于平均值的样品略多；变异系数为 12%较小，说明研究区域表层土壤氟化物含量的分布较均匀，空间变异性小。研究区域深层土壤氟化物含量的范围为 257.38～769.43 mg/kg，基准值范围为 270.28～820.57 mg/kg，平均值为 470.94 mg/kg，略高于我国土壤氟背景值的平均值；偏度为正且较小，说明研究区域深层土壤氟化物含量小于平均值的样品略多；变异系数为 27%，说明研究区域深层土壤氟化物含量的分布较均匀，空间变异性小。对比表层与深层土壤氟化物含量的基本统计，显示深层比表层土壤氟化物含量的范围、均值、标准差、变异系数均较大，说明深层比表层土壤氟化物含量的分布不均匀，空间变异性略大。

采用正态概率图来验证所测得土壤氟化物含量数据的合理性，表明研究区域的土壤氟元素属于同一地质作用、同一地球化学环境的母体，很大程度上不受人为因素的影响。

根据土壤氟化物含量与对应的采样点坐标，运用 Surfer 软件生成研究区域土壤氟化物含量的等值线图，见图 4-22。

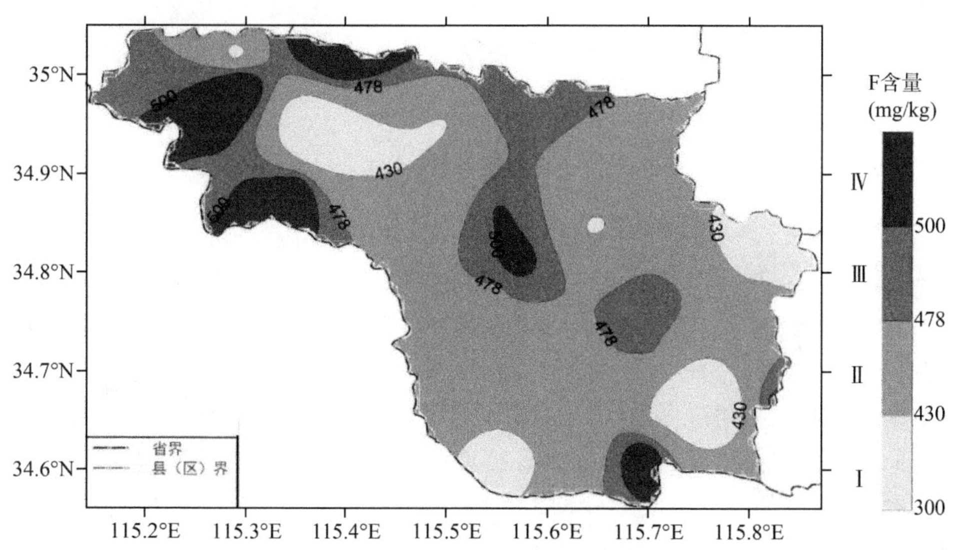

图 4-22 土壤氟化物含量等值线图

图 4-22 显示研究区域土壤氟化物含量以Ⅱ级为主，面积最大，分布连续且广泛，呈大块面状分布；Ⅰ、Ⅲ、Ⅳ级仅局部小面积或斑状分布，被Ⅱ级土壤氟化物包围。Ⅰ级分布在研究区域的西北中部地区、南部与东部边缘地带，Ⅱ级几乎分布在整个研究区域，Ⅲ级分布在研究区域的西北与中部地区，Ⅳ级分布在研究区域的西北边缘地带、中部地区以及南部地区。

在研究区域选取三个采样点（六合村、周庄、李集）进行深层土壤氟化物含量的研究，不同采样点不同深度土壤中氟化物含量的变化情况用折线图表示，可以简明直观地显示出土壤中氟的垂向分布变化趋势，见图 4-23。

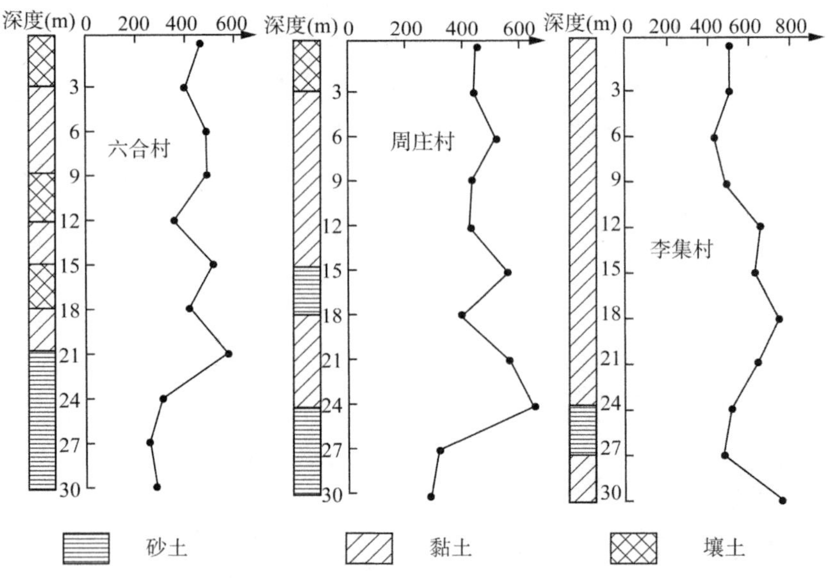

图 4-23　土壤中氟的垂向分布特征图

图 4-23 显示土壤氟化物含量在地层 0～9 m 范围内波动较小，在地层 9～30 m 范围内波动较大。本次研究发现土壤氟化物含量与地层深度没有明显的相关性，但是李集村土壤质地几乎都为黏土，土壤氟化物含量有随着地层深度的加深而增大的趋势，这种趋势与朱兆良很早就发现土壤氟化物含量随着地层深度的增加而增大的结论相同，但前提是二者土壤质地条件相同。研究发现土壤在垂向上的分布特征与土壤质地有直接关系，土壤氟化物含量随着黏粒含量的增大而增大，即黏土＞壤土＞砂土，而与采样的地层深度没有明显相关性，这取决于研究区域的地质与水文地质条件。

(5) 原因分析

菏泽市属大陆性半湿润半干旱气候区，年均降水量为 661.8 mm，年均蒸发量为 874.8 mm。菏泽市处于黄河扇形平原与鲁中南中低山山前冲洪积平原的结合地带，区域内分布着巨厚的新近第四系沉积岩系，具有较丰富的地下水资源，是支撑该地区工农业生产和发展的重要水源地之一。然而，受地质构造、沉积环境、气候等原生因素的影响，该区地下水氟化物含量高，严重限制了其在工农业生产及居民生活方面的应用。

在地下水-岩石系统中，地下水中氟化物含量与含水层岩石氟化物含量呈正相关关系。可见含水层中的富氟岩石为高氟水的形成提供了条件。研究区域内出露的地层以新生代的第四纪为主。主要为冲积沉积间夹湖沼相沉积，灰黄、灰至灰黑色，以黏质砂、粉细砂为主，间夹淤泥质。粉砂与粉细砂层分布稳定，上层淤泥质层分布稳定，厚度由西向东、自南向北逐渐变薄，顶板埋深自西向东变浅，自南向北深浅交替，总趋势向北变深，而下层淤泥质层断续分布，皆成透镜状，东西长而南北短。

菏泽市区域基岩于巨野县东南独山出露，呈海拔 60 m 弧形状分布，为奥陶系地层，深灰黑色，致密厚层灰岩，倾向北西，倾角 7°，出露厚度 30 余米。隐伏于第四系之下的有奥陶系灰岩和石炭、二叠系煤系地层及古近系、新近系地层等。岩性主要为冲、洪积相，间夹湖沼相沉积，由黄河与汶泗流域形成。市域西部主要为冲积、湖沼相夹洪积相沉积，岩性以黄、棕黄及黄褐色粉土为主，夹中细砂，次为粉质黏土及粉细砂，富含钙质结核及少量铁锰质结核；市域东部以绿、黄褐色、锈黄色粉质黏土及混粒砂为主，夹有中细砂及粉土，富含钙质结核。局部有较大的钙质团块和少量铁锰质结核。钙质结核中含氟量很高，富含钙质结核土的地层为该区地表水中高氟水的形成提供了物质来源，在水淋溶作用下，氟离子会随坡面径流进入地表水中，使得水中氟化物浓度升高。

根据菏泽市地质地层结构分析，富含钙质结核土的地层为该区高氟水的形成提供了物质来源，且区域中主要有东明、郓城、成武 3 个大凹陷，在地形地平洼地，尤其是槽形、凹陷地形是高氟水形成与赋存的良好场所，同时该区域的气候特征表现为蒸发量大于降雨量，为地下高氟水的形成提供了可能。因而地下水高氟水在地下水与地表水交互作用下，便成了地表水氟化物重要来源。其中菏泽市牡丹区、单县、郓城、鄄城和东明等，地下水位埋藏浅，一般 2～3 m，易接受大气降水与河水的补给，在枯水期地下水也容易对地表水进行补给，地下水中氟便会经此过程进入到地表水中。

菏泽市地层中含氟矿物一部分会在水淋溶作用下通过径流直接进入到地表水中，但底层岩石中大部分氟化物在大气降水时，雨水通过包气带土壤入渗补给地下水，在溶解、溶滤、水解、水化、扩散、离子吸附交替作用下，将蒸发时沉淀在土中的含氟盐分连同黏土质吸附的盐分淋溶迁移水中，并将土中本身存在的含盐晶粒和分散体所带氟盐溶解带入水中，从而使地下水加大了氟化物的含量，在“入渗—淋溶—强烈蒸发浓缩”的反复作用下，氟元素最终在地下水中富集。在地下水与地表水交汇处，水力联系密切，地下水补给地表水发生频繁，尤其是10月份与11月份，地下水是地表水重要水源之一，当地下水补给地表水时，地下水中的溶质包括氟离子也会随着补给过程进入到地表水中，使得地表水中氟化物浓度升高。

结合历史监测断面资料，枯水期河流径流量减弱，地下水对河流补给作用有加强的表现。2015—2018年间，每年11月至次年3月为枯水期时段，万福河关桥断面和薛庄闸断面监测的河流断面流量小幅度上升，氟化物含量随断面流量升高而上升，表明地下水在枯水期可能补给地表水，使河流流量增大，同时地下水中氟化物进入到地表水，使河流断面氟化物含量增加，可见地下水补给是地表水氟含量升高的重要因素之一。

值得注意的是，在本研究区菏泽市，洙赵新河上游段、郓巨河上游段、郓巨河下游段、巨龙河下游段等附近多为工业聚集区，多数工矿企业生产水源皆为自备水井，在菏泽市高氟地下水的环境背景下，高氟地下水被大量开采并用于生产过程，产生的废水中仍然含有较高浓度的氟化物，对入河排污口的取样监测过程中，发现污水处理厂入河口氟化物浓度高达9.63 mg/L，老洙水河董官屯湿地入河口氟化物浓度甚至高达18.8 mg/L，由于污水处理厂和湿地不具备除氟能力，因此排放高氟废水进入河流。

2. 济宁市断面

(1) 河流基本情况

嘉祥县位于黄泛冲积平原的边缘，地势自西北向东南倾斜，由西向东分别为山间平原的剥蚀平原、剥蚀—溶蚀丘陵地貌、剥蚀平原及冲洪积平原地貌，地形地貌形态表现为高低不平，地势总体西高东低。根据山东省水文地质分区划分标准，该区由西向东为鲁西北平原水文地质区的湖西黄泛冲积平原水文地质亚区和嘉祥、梁山低山丘陵水文地质亚区。

洙水河属淮河水系，由黄河决溢溜道逐渐演变而成，流经菏泽市区、巨野县、嘉祥县、任城区和济宁经济技术开发区，于任城区路口村入南阳湖，有老赵王河、洙赵河、小王河、前进河、牛官屯河、马庄沟、护山河、薛公岔河和黄庄河等支流。通过南水北调上提湖水，发展提水灌溉，为嘉祥县西部远离滨湖地带的农田提供水源。按照南水北调东线工程调水水质要求，水质符合《地表水环境质量标准》

(GB 3838—2002)Ⅲ类水质标准。设有 105 公路桥国控断面，于 2022 年 6 月通过环境本底值认定。

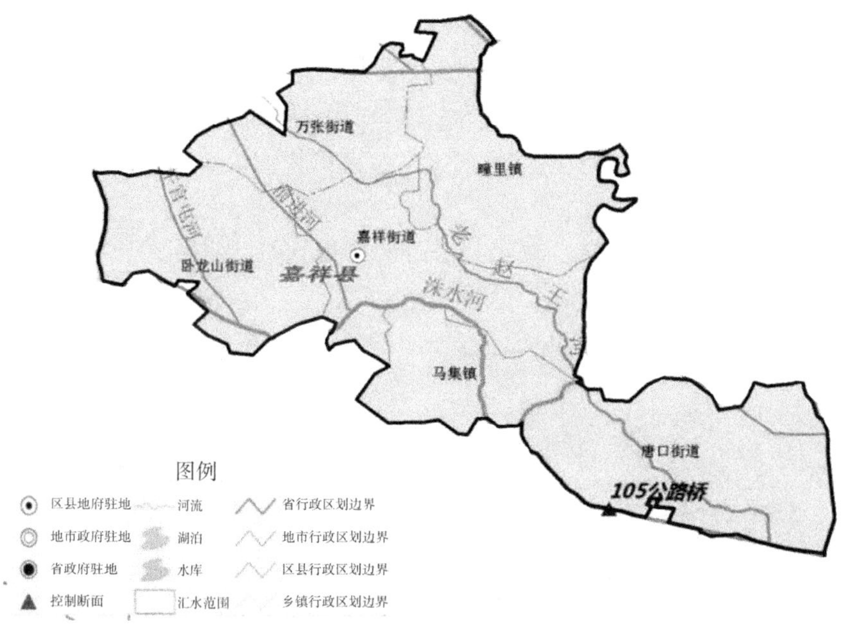

图 4-24　105 公路桥国控断面汇水范围示意图

(2) 河流氟化物

洙水河地表水沿程(从上游依次往下游)各监测断面氟化物的检测结果变化见图 4-25。

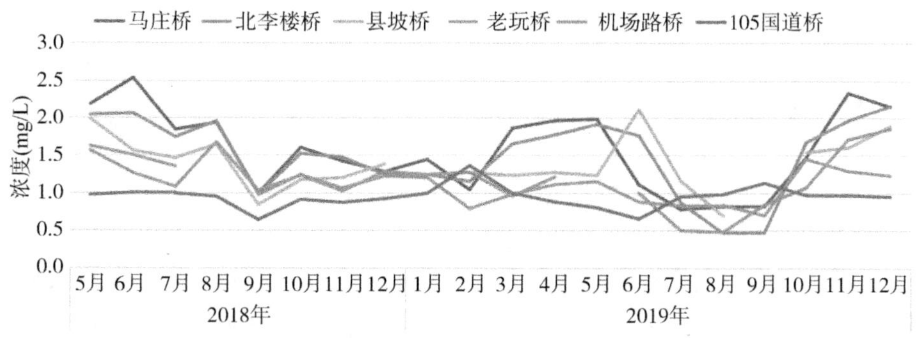

图 4-25　洙水河地表水沿程各监测断面氟化物浓度

洙水河嘉祥段各水质监测点氟化物含量在多数时间段内大于 1.0 mg/L。入境断面马庄桥氟化物含量最高，达到 2.53 mg/L，北李楼桥、县坡桥、老玩桥、机场路桥依次为 2.16 mg/L、2.11 mg/L、1.62 mg/L、1.85 mg/L，105 国道桥最小，为 1.36 mg/L；部分时间段氟化物含量低于 1.0 mg/L；入境断面马庄桥氟化物含量均值最高，为 1.60 mg/L，北李楼桥、县坡桥、老玩桥、机场路桥依次为 1.48 mg/L、1.42 mg/L、1.13 mg/L、1.18 mg/L，105 国道桥断面氟化物含量值最低，为 0.95 mg/L。洙水河各监测断面均呈现出枯水期氟化物浓度高、丰水期氟化物浓度低的规律。

根据山东省水环境监测中心济宁分中心的数据，2012 年至 2019 年氟化物超标情况见图 4-26 和图 4-27。

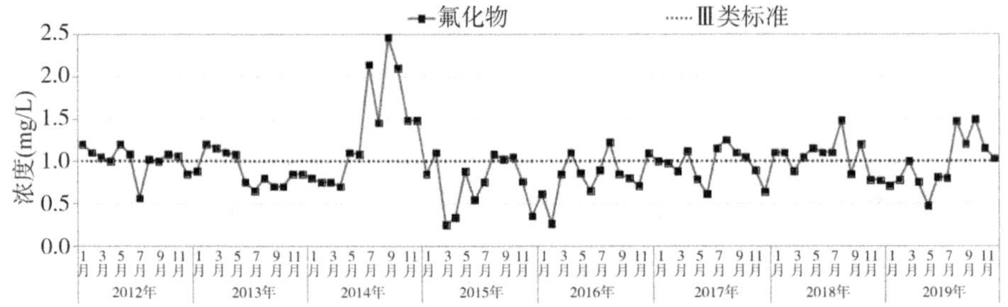

图 4-26　韭菜姜断面 2012—2019 年氟化物浓度

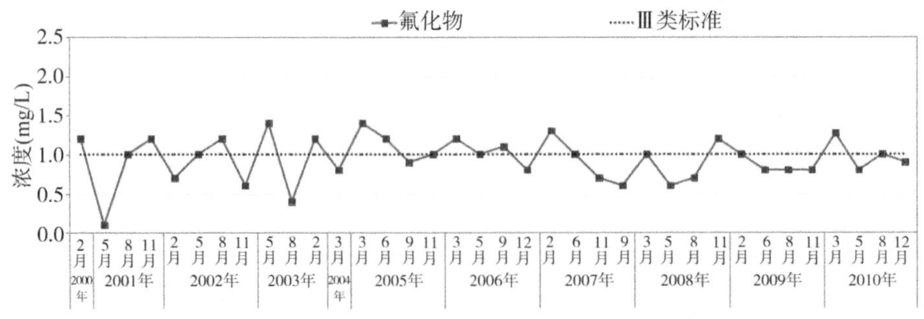

图 4-27　县坡桥断面 2001—2010 年氟化物浓度

2019 年 11 月对洙水河河道进行了较为全面的调查，主河道共布设水质采样点 13 个(沿程监测点号为 B01～B13)。氟化物浓度在洙水河河道上由西向东的浓度变化趋势见图 4-28。

洙水河氟化物在入嘉祥县境的起点处(B01)氟化物浓度最高，之后浓度一直缓慢降低，县坡桥(B05)后一直到嘉祥闸西侧(B06)氟化物有小量上升；后氟化物在嘉祥闸东侧监测点(B07)处不超标;之后从老玩桥(B08)开始直至鸭子李村东面监测点处(B10)氟化物浓度呈现缓慢增高趋势。

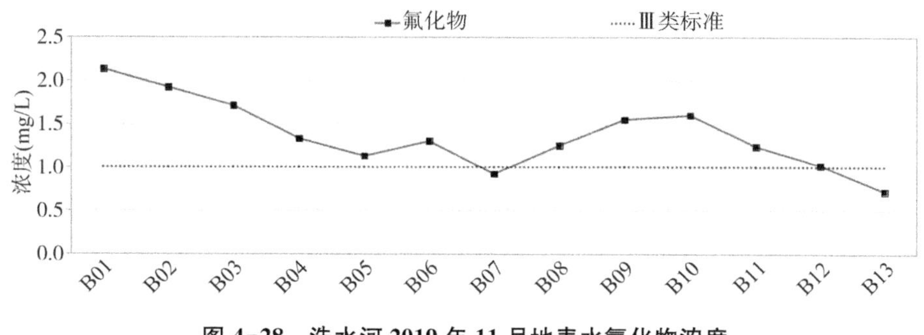

图 4-28 洙水河 2019 年 11 月地表水氟化物浓度

(3) 地下水氟化物

浅层地下水:区内郓城县堆集乡、嘉祥县大部分地区、曹县县城、苏集、单县时楼、浮岗一带地下水味苦、涩,已不宜直接饮用。梁山北部、嘉祥大部分地区、金乡西部区域、郓城、巨野县城一带、菏泽城区、曹县北部魏湾镇、苏集镇、单县北部和西南一带地下水中氟含量高出饮用水标准 1.2～6.4 倍,不宜直接饮用。氟化物含量在 1.1～6.4 mg/L 范围内的地区数据占总数据的 55.92%。

深层地下水:区内嘉祥县大部分地区,巨野南部区域、梁山黑虎庄、鄄城县城东部区域一带地下水味苦、涩,已不宜直接饮用。东明、菏泽、定陶、曹县、单县大部分区域,成武南部,巨野东部等区域,地下水中氟含量高出饮用水标准 1.2～3.75 倍,不宜直接饮用。氟化物含量在 1.0～3.75 范围内的地区数据占总数据的 31.43%。

西部至东部,氟含量总体表现为逐渐增大的趋势。西侧沿黄地区氟化物含量大约在 0.5～1.2 mg/L 之间;中西部的鄄城—菏泽—定陶一带,氟化物含量约在 1.2～2.0 mg/L 之间:中部的梁山—鄄城—巨野及成武一带,氟化物含量约在 2.0～4.0 mg/L 之间;中东部地区的嘉祥—金乡一带,氟化物含量大约为 4.0～6.0 mg/L;东侧沿湖地区氟化物含量大约为 0.5～1.2 mg/L。

按照《地下水质量标准》(GB/T 14848—2017)中Ⅲ类水标准进行地下水质量评价,调查的地下水样 26 个,超标个数为 15 个,超标率为 57.69%(图 4-29)。

其中监测点位于非工业区附近不受影响可以作为背景值的地下水监测点为:X01、X02、X03、X05、X06、X07、X09、X11、X13、X15、X16、X17、X18、X19、X20、X21、X22、X25,共计 18 个点。

氟化物超标率为 55.56%。其中 X02、X03、X06、X11、X16、X20、X21 氟化物

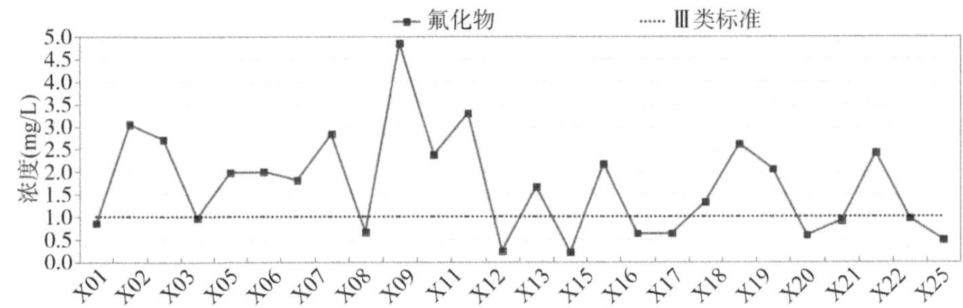

图 4-29　洙水河周边地下水氟化物浓度

超标倍数达到 2 倍以上，占总数的 38.89%，占超标样品数的 70%。未超标的 8 个地下水监测点中有两个(X01、X25)数值较高，已接近临近值。说明本区地下水中氟化物浓度普遍偏高。

总体来讲，区域东部地下水氟离子含量大于西部地区，特别是几个氟离子含量大于 6.0 mg/L 的区域均分布在东部缓平坡地区。

(4) 原因分析

洙水河的发源地为黄河冲积平原，沉积有巨厚的第四系和新近系松散堆积物，地下水主要赋存于这些松散堆积物的孔隙中，受地层、古气候及沉积环境等因素的影响，含水层的分布、水化学特征及地下水水力性质比较复杂，含水岩组大体可分为三层，具有典型的三元结构。高氟水在各含水岩组均有分布，且具有一定的分布规律。

鲁西南地区地下水中氟离子含量普遍偏高，浅层地下水氟含量比较集中。洙水河发源于鲁西南地区的坡水，大部分为氟含量大于 1.0 mg/L 的地下水，向东部径流过程中不断受到两侧高氟地下水的补给。

金乡缗城镇浅层水氟离子含量高达 6.35 mg/L，该地地形较平缓，水位埋深约 2～4 m，水位埋深较浅，径流缓慢，潜水蒸发强烈，具有形成高氟水的有利条件。嘉祥县仲山镇东辛庄浅层水氟离子含量高达 6.25 mg/L，该地东部为古生界石灰岩出露，第四系厚度较薄，潜水径流至山前受阻壅水，潜水水位埋深约 2～4 m，径流不畅，蒸发强烈，易形成高氟水。地形、地质、土壤是导致洙水河氟化物超标的主要原因。

济宁市地表水可利用量有限，随着社会的进步和工农业的发展，地下水作为重要供水水源，开采量大幅增加，2018 年地下水总开采量达 11.4 亿 m^3，农业灌溉用水占用水总量的 60%～70%。地下水开采主要是含水层上下黏性土中储存资源的消耗。而黏土层中氟离子含量较大，当人工大量开采地下水时，砂层含水层水头压力降低。在水头压力差的作用下，其顶底板饱水的高压缩层（黏性土等）中水向含水层释放。与此同时，黏性土被压缩，孔隙度变小，被黏性土所依附的性质十分活跃的氟离子也随之释放出来。随着开采量的不断增长，地下水位不断下降，含水层水头压力不断降低，顶底板黏性土释水强度不断增大，黏性土承受压力亦越大，氟离子释放量也随之增多。因此地下水大量开采会加剧引发水中氟元素含量的增加。地下水开采到地表后随径流以及丰枯水期河道与地下水相互补给作用，形成氟元素在地下水和地表水之间的运移通道，间接导致地表水中氟化物含量增高。

因此洙水河嘉祥段上游的补给水源主要是高氟区地下水，是洙水河中氟的主要来源。

第三节
皖北区域

皖北地区主要是指地处安徽省最北部，与苏、鲁、豫三省交界的区域，主要包括亳州市、淮北市和宿州市。皖北地区主要位于淮北平原，沿线地质属于华北地层区、鲁西地层区和徐州—宿州小区。淮北平原土壤类型主要为钙质结核土及黄泛冲积形成的新近沉积粉土，土壤母质均富含碳酸钙和氟。淮北平原土壤中的氟为区域内高氟水提供了物质来源，导致皖北地区为安徽省高氟地区。自"十二五"开展地表水环境质量监测工作以来，氟化物一直是该区域主要污染物之一。总之，淮河流域皖北地区地表水氟化物超标，主要是因为区域土壤中的氟溶于地下水，导致区域地下水氟化物浓度本底值偏高。在区域气候因素及群众取用地下水等多重因素影响下，地下水中氟化物更容易富集，同时地表水中氟化物含量相对较高。

1. 淮北市断面

(1) 河流基本情况

淮北市是全国重要的资源型城市，因煤而建，伴煤发展。淮北市地处淮北平原中部，地势自西北向东南微倾，除东北部有少量低山地形分布外，其余为广阔平原。其主要类型是：山丘、平原、湖洼地、河流。截至 2019 年底，淮北市辖一县三区，面积 2 741 km^2。

淮北市境内河流为堆集型河流。河流多顺自然坡降平行贯穿，大部分为西北向东南流向，如南沱河、王引河、浍河、澥河等；少部分由北向南流向，如龙岱河、闸河、萧濉新河等。淮北市境内排洪河道 15 条，全长 377.7 km，分属濉河、南沱河（包括王引河）、新北沱河、浍河、澥河、北淝河等 6 个水系。其中濉河水系 557.86 km^2，南沱河水系 517 km^2，浍河水系 1 201 km^2，新北沱河水系 85 km^2，澥河水系 249 km^2，北淝河水系 104.4 km^2，共 2 714.26 km^2。15 条排水河道即濉河（也称萧濉新河）、闸河、岱河、龙河、龙岱河、湘西河、洪碱河、巴河、王引河、新北沱河、南沱河、包河、浍河、澥河、北淝河。河流多为人工河道，河道平直，水量受季节影响，变化较大，夏季河(沟)水骤涨、水流量大、水流急，冬季因降水少、河水变浅，水流缓慢。

沱河：发源于河南省商丘市刘官庙，流经虞城县、夏邑县、永城市、濉溪县、宿州市、固镇县、灵璧县、泗县入五河县大安集沱湖，再经漴潼河入洪泽湖，而后入淮河。商丘称爱民沟，虞城称响河，永城称巴沟河，1952 年定名为南沱河。1968 年对南沱河进行全线治理，在宿州戚岭子汇入新开挖的新汴河，南沱河变成新汴河的上游河段。沱河上所设的后常桥国控断面氟化物于 2022 年 12 月通过环境本底值认定，后常桥国控断面汇水范围如图 4-30 所示。

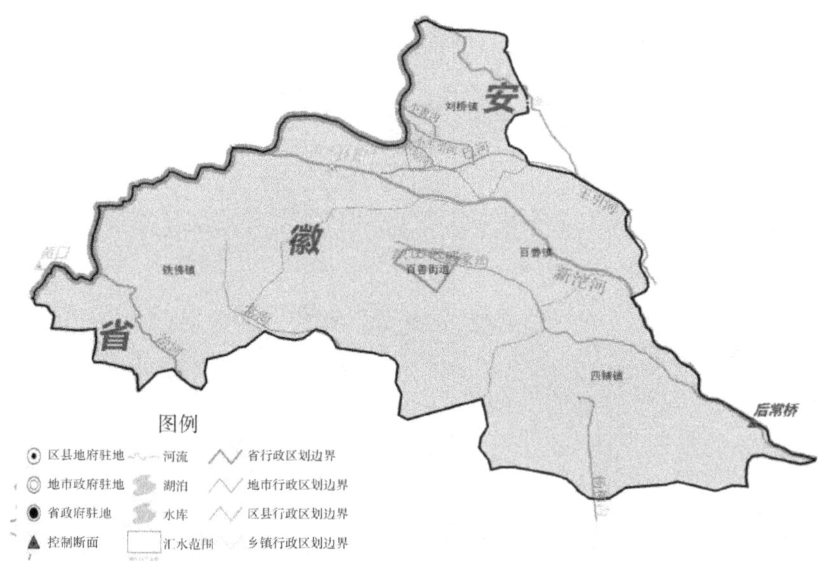

图 4-30　后常桥国控断面汇水范围示意图

浍河：源于河南省商丘市西北曹楼，流经夏邑县、永城市、濉溪县、宿州市、固镇县，至九湾入香涧湖与澥河汇流。浍河为天然河道，两岸无堤防，境内自古城至黄沟口长 64 km。东至五河县汇入沱河后称漴潼河。经江苏峰山切岭入窑河，入洪泽湖，全长 300 km。浍河上所设的东坪集国控断面氟化物于 2022 年 12 月通过环境本底值认定，东坪集国控断面汇水范围如图 4-31 所示。

包河：是浍河支流，发源于河南省商丘谢集乡张祠堂村。流经商丘市、虞城县、亳州市、永城市、涡阳县与濉溪县，在临涣镇汇入浍河，全长 175 km。

澥河：是淮河支流，发源于濉溪县白沙镇潘庄西。经宿州市、怀远县、固镇县到九湾，与浍河汇流后经香涧湖、澥潼河流入洪泽湖。汇入澥河的大沟共有 15 条。澥河上所设的李大桥国控断面氟化物于 2022 年 12 月通过环境本底值认定，李大桥国控断面汇水范围如图 4-32 所示。

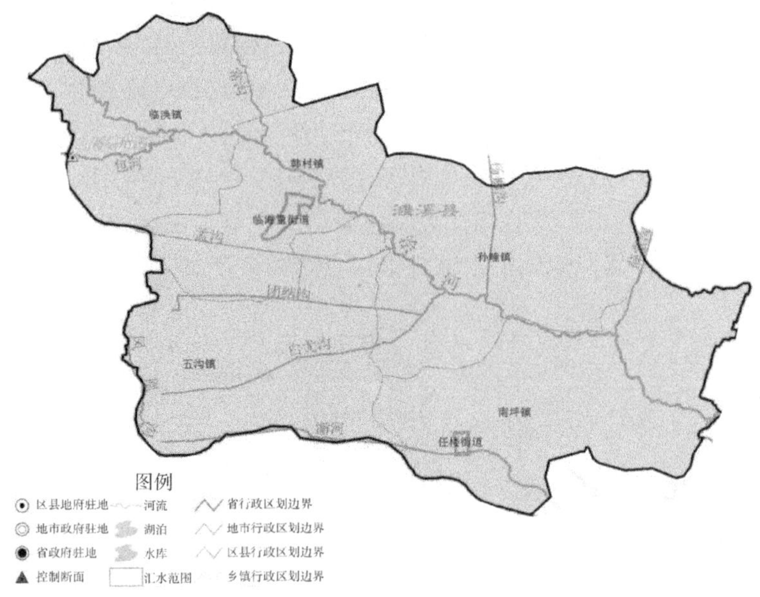

图 4-31　东坪集国控断面汇水范围示意图

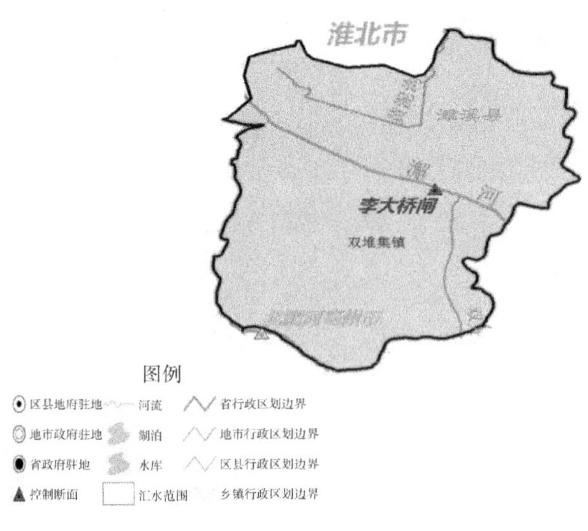

图 4-32　李大桥国控断面汇水范围示意图

王引河：王引河是沱河支流，上游支流有利民沟、大沙河、巴清河等，流经砀山县、永城市、萧县、濉溪县。王引河在淮北境内又称溪河。

目前，生态环境部门在淮北市 6 条主要河流上共布设国、省控监测、考核断面 8 个，其中二级支流 6 条、三级支流 2 条(表 4-9)。

表 4-9 淮北市主要河流监测断面布设情况

河流名称	断面名称	控制等级	河流级别
龙河	浮绥	省控	三级支流
濉河	符离闸	国控	二级支流
浍河	三姓楼	省控	二级支流
	东坪集	国控	
王引河	任圩孜桥	省控	三级支流
南沱河	小王桥	国控	二级支流
	后常桥		
澥河	李大桥闸	国控	二级支流

（2）氟化物浓度

2010 年 1 月至 2022 年 9 月沱河后常桥断面氟化物浓度值变化如图 4-33 所示。期间，沱河后常桥国控考核断面氟化物平均值为 1.10 mg/L，年平均值在 0.83～1.21 mg/L 之间，其月监测值超标率在 12.5%～100%之间，总体月监测值超标率为 66.0%，大多数年份超标率在 90%以上。表明该断面所处的汇水范围内存在地表水氟化物经常性超标的现象，综合地质环境及人为污染源的分析，氟化物超标主要受到环境本底的影响。

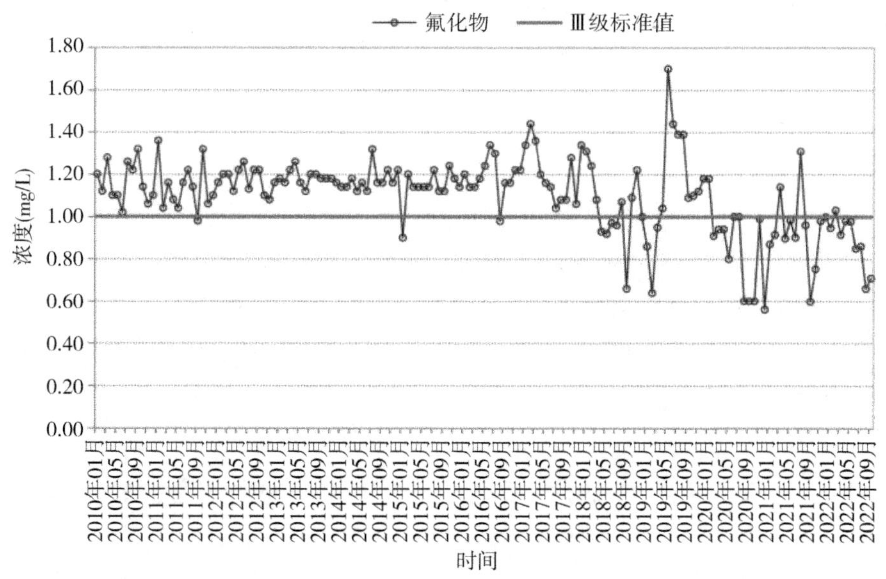

图 4-33 沱河后常桥断面氟化物浓度值变化

2010 年 1 月至 2022 年 9 月浍河东坪集断面氟化物浓度变化如图 4-34 所示。期间,浍河东坪集国控考核断面氟化物平均值为 1.05 mg/L,年平均值在 0.86～1.25 mg/L 之间,其月监测值超标率在 0%～83.3%之间,总体月监测值超标率为 41.8%。但从 2016 年至今,超标率为 68.1%。表明该断面所处的汇水范围内存在地表水氟化物经常性超标的现象,尽管受外部环境条件影响,氟化物浓度在标准值附近会有一定波动,但该区域的地表水氟化物浓度主要受到环境本底的影响。

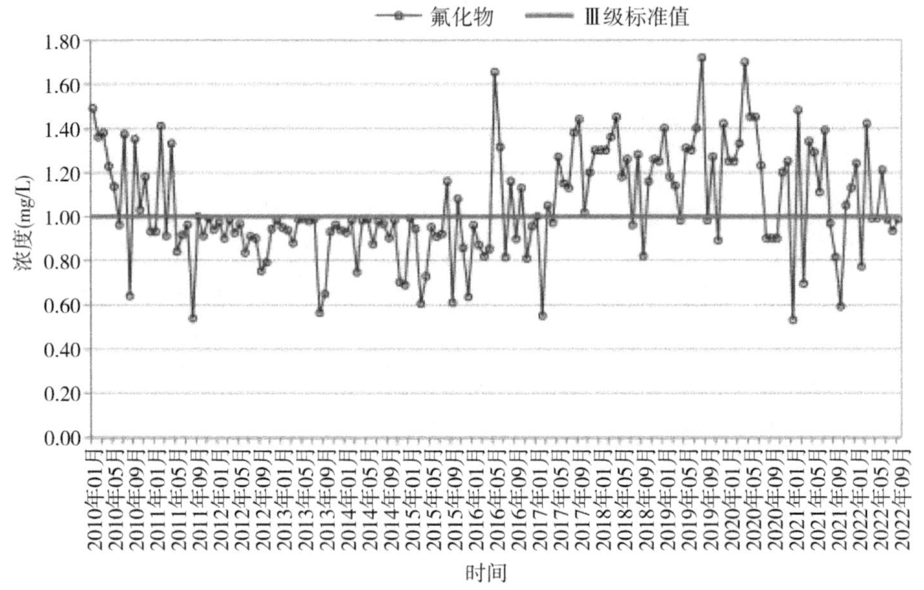

图 4-34 浍河东坪集断面氟化物浓度值变化

2010 年 1 月至 2022 年 9 月澥河李大桥闸断面氟化物浓度变化如图 4-35 所示。期间,澥河李大桥闸国控断面氟化物平均值为 1.12 mg/L,年平均值在 0.91～1.26 mg/L 之间,超标率在 16.7%～100%之间,总体月监测值超标率为 68.1%。表明该断面所处的汇水范围内存在地表水氟化物经常性超标的现象。氟化物浓度存在一定程度的波动,分析认为主要是受到环境本底影响的原因。

2010 年 1 月至 2022 年 9 月期间,对淮北市南部地区沱河、王引河、浍河、澥河 4 条主要河流及部分支流的 20 个地表水监测断面进行了不同频次的监测。根据地表水氟化物监测数据(图 4-36),2010 年至 2022 年 9 月淮北南部地表水断面氟化物平均值为 1.16 mg/L,超出 1.0 mg/L 标准值的断面测次达 792 测次,超标率为 73.3%。

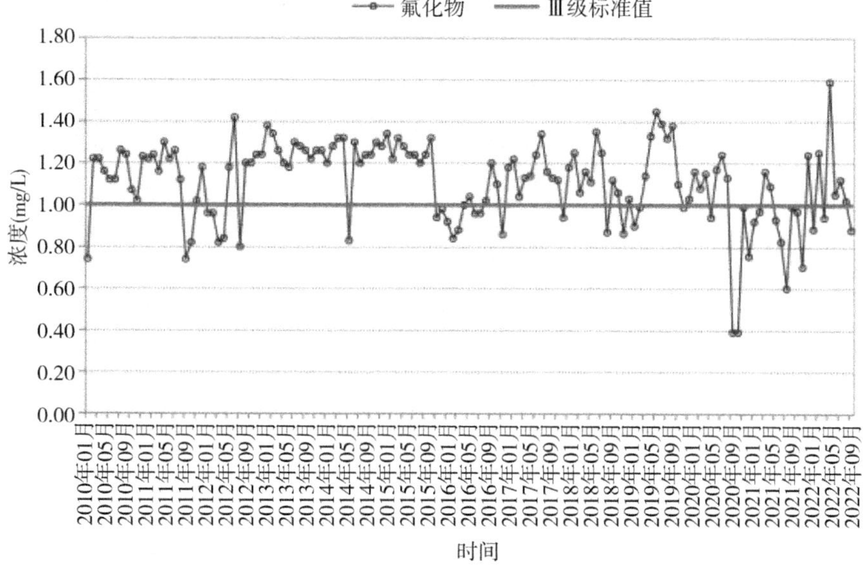

图 4-35　澥河李大桥闸断面氟化物浓度值变化

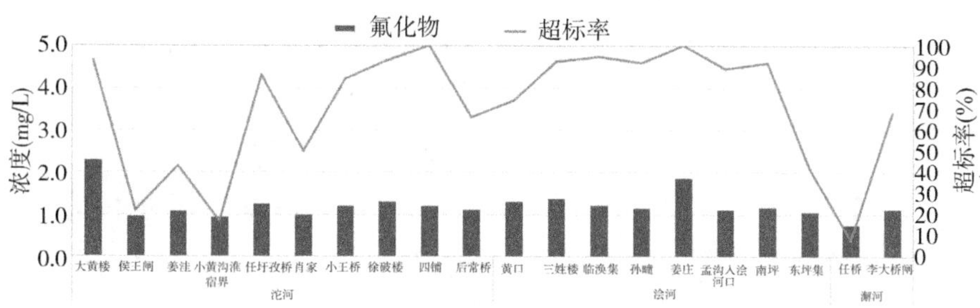

图 4-36　淮北南部地表水氟化物浓度平均值及超标率

沱河流域：沱河小王桥入境断面氟化物平均值为 1.19 mg/L，超标率为 84.2%；沱河上后常桥出境断面氟化物平均值为 1.10 mg/L，超标率为 66.0%；沱河其他省控断面在监测期间氟化物平均值为 0.94～2.28 mg/L，超标率在 16.7%～100%之间。大多数监测断面氟化物月浓度超标率大于 50%，说明沱河水质中的氟化物浓度整体处于偏高的水平。

浍河流域：自 2016 年以来，浍河在河南省商丘市出境的黄口国控断面上氟化物平均值为 1.29 mg/L，超标率为 73.9%；浍河东坪集国控考核断面氟化物平均值为 1.05 mg/L，超标率为 41.8%；浍河其他监测断面氟化物平均值在 1.10～1.86 mg/L 之间，超标率在 88.9%～100%之间。大多数监测断面氟化物浓度超标率在 70%以上，说明浍河水质中的氟化物浓度整体处于偏高的水平。

濉河流域：濉河李大桥闸出境国控断面氟化物平均值为 1.12 mg/L，超标率为 68.1%。濉河任桥监测断面氟化物平均值为 0.74 mg/L，超标率为 7.7%。

根据 2022 年 1—9 月份淮北南部地表水氟化物监测结果(图 4-37)，淮北南部地表水氟化物含量在各监测断面均呈现超标现象，总体氟化物平均值为 1.19 mg/L，超标率在 11.1%～100%之间，总体超标率为 52.1%。

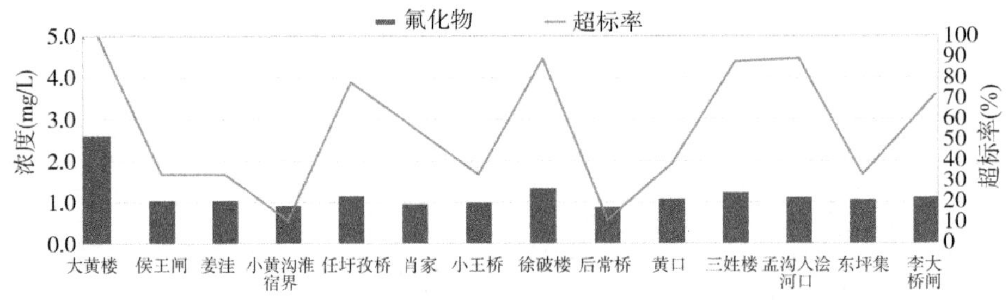

图 4-37　2022 年 1—9 月份淮北南部地表水断面氟化物监测结果

沱河流域氟化物平均值在 0.88～2.60 mg/L 之间，超标率在 11.1%～100%之间；濉河流域氟化物平均值为 1.11 mg/L，超标率为 37.5%；浍河流域氟化物平均值在 0.94～1.23 mg/L 之间，超标率在 12.5%～88.9%之间。从监测结果可以看出，各断面的氟化物均有不同程度超过《国家地表水环境质量标准》(GB 3838—2002)Ⅲ类水质标准的现象。所监测的 14 处地表水监测断面中，氟化物平均值为 1.26 mg/L。沱河及支流氟化物平均值为 1.26 mg/L，其中小王桥和后常桥断面氟化物平均值分别为 1.28 mg/L 和 1.06 mg/L；浍河氟化物平均值为 1.32 mg/L；濉河出境李大桥闸国控断面氟化物平均值为 1.34 mg/L。三条主要河流及所测支流水质氟化物均超过了 1.0 mg/L。3 个主要塌陷区(封闭型)水质氟化物平均值为 1.23 mg/L。

根据以上监测数据的分析结果，淮北市区域内的地表水氟化物浓度处于偏高的状态，特别是沱河、浍河与濉河所在水体氟化物存在长期超标的情况。

(3) 原因分析

气候、地形地貌及径流条件、水化学类型以及地下水的环境介质是造成氟浓度富集的外在因素。淮北市以横贯平原中部的宿永公路为界，北部为黄泛冲积平原区，南部为古老河湖沉积和黄泛冲积平原。黄泛冲积平原为黄泛冲积物覆盖，属冲积成因的堆积地形。区内土壤肥沃，地面平整，地下水丰富。古老河湖沉积为黄土性古河流沉积物覆盖，属剥蚀堆积地形。由于沉积较早，在漫长的成土过程中，沉积之初富含的碳酸钙被淋洗到底层，加上地下水的影响，形成不同形状的砂礓。黄泛平原区,因黄河多次溃堤决口改道南泛,造成西北、华北大量高氟黄土淤积于此,土壤含氟量高。

淮北平原不断溶解的含氟矿物是浅层地下水中氟的主要物质来源。淮北平原氟离子浓度超标最根本原因是含氟矿物的溶解富集。新生代古近、新近纪地层主要为河床相半固结砂及河流湖泊相黏性土,厚度一般可达数百米。其中第四纪地层主要为冲积砂及黏性土,厚度数十米至百余米,广泛覆盖全区。该区浅层地下水中氟来源于细粒松散、岩性为多结构的复合含水层,岩性主要由黏土、砂质黏土、黏土质砂及粉砂相间组成。含水层一般为河床相,河漫滩相沉积,由于岩性颗粒较细,沉积时有利于氟的保存。

淮北平原由南向北,气候趋于干旱。淮北市多年年降水量平均值为 849.6 mm,蒸发量历年平均值为 1 648.4 mm。由此可以看出,淮北市历年平均蒸发量是历年平均降水量的 2 倍,蒸发量远大于降水量。由于淮北平原的潜水动态类型为入渗-蒸发型,降水和蒸发强度与地下水埋深度影响着氟的迁移运动。通过蒸发作用,氟向上运动,水中的盐分浓缩;大气降水时,在溶解、溶滤、水解、扩散、离子吸附交换作用下,氟溶解于地下水中,使浅层地下和包气带内的氟不断富集,形成高氟地下水。该区域承压水多为径流—开采动态类型,补给为径流补给,所以溶解—淋滤—蒸发作用对其影响不大。径流条件也是影响地下水中氟含量的一个重要因素之一。一般地下水的径流条件越好,氟越易于流失,氟含量越低。淮北平原东北部低山丘陵区周围地下水循环交替相对较快,地下水氟离子含量一般较低。而远河泛滥带及湖相沉积层区,地下水径流相对滞缓、氟离子含量大多较高。淮北南部地区河床均处于地面以下,地下水水位相对较高,且蒸发量远大于降水量,便于地下水对河流的补充,从而造成地表水氟环境本底增高。

许光泉等在《安徽淮北平原浅层地下水中氟的分布特征及影响因素分析》中研究了淮北平原浅层地下水中氟的分布特征,指出含氟矿物的不断溶解是浅层地下水中氟的主要物质来源。淮北平原氟离子浓度超标最根本原因是含氟矿物的溶解富集。

对淮北市南部地区乡镇饮用水中氟化物监测结果分析,发现 36 个水井及居民饮用水中氟化物浓度为 0.70～1.62 mg/L,超标率为 50.0%。高氟水源地主要分布在濉溪县的铁佛镇、临涣镇和孙疃镇,其水井及居民饮用水中氟化物平均值为 1.23 mg/L。在安徽淮北平原浅层地下水中的氟化物调查中,通过 130 个水样的结果分析发现,氟化物浓度在水平分布上呈西北向东南逐渐降低的趋势。西北部氟化物浓度均值在 2.0 mg/L 以上。濉溪县的浅层地下水氟化物浓度均值为 1.19 mg/L,超标率达 70.0%;垂向分布呈现先增大后减小的变化趋势,其深度在20～30 m处的氟临界值约为1.63 mg/L。由此可以认为,不断溶解的含氟矿物是浅层地下水中氟的主要物质来源。

由于本区域内农田灌溉主要采取抽取浅层地下水进行浇灌的方式,安徽省环境监测中心于1999年对安徽省土壤中氟分布进行了1次全省调查,周世厥等据此发表了《安徽省土壤中氟分布的研究》论文。文章给出了测定的安徽省土壤水溶性氟化物平均值为0.52 mg/kg(范围为0.09～13.85 mg/kg),其中淮北平原均值为1.26 mg/kg,淮北平原土壤水溶性氟含量显著高于其他各区。淮北平原土壤水溶性氟化物水平分布与浅层地下水中氟含量水平一致。土壤水溶性氟含量水平分布总体上由西北向南递减。浅层地下水中氟含量在水平分布上同样呈现西北向东南逐渐降低的趋势。

地质原因导致区域地下水氟化物含量较高,在煤炭开采时排放的矿井水氟化物含量超过1.0 mg/L的水质标准。沱河区域内分布有9家煤炭开采企业,在煤炭开采过程中由于区域内地下水氟化物含量较高,造成大部分排放的矿井水氟化物含量超过1.0 mg/L标准,两个地表水监测断面的氟化物超标;浍河流域的7个矿井排水氟化物平均浓度在0.34～0.70 mg/L之间,无超标现象;东坪集断面氟化物平均浓度为1.11 mg/L,超标率达到80.0%;澥河流域的2个矿井排水氟化物平均浓度为0.47 mg/L,无超标现象;而李大桥闸断面氟化物平均浓度为1.17 mg/L,超标率达到100%。充分说明在矿井水对地表水形成稀释作用的前提下,地表水氟化物仍然超标。

通过污水处理厂及煤矿矿井水排放口监测结果分析,氟化物平均值为1.05 mg/L。其中,污水处理厂排放口氟化物平均值为0.89 mg/L,煤矿矿井水排放口氟化物平均值为0.94 mg/L,表明污水处理厂排水氟化物浓度总体不高。污水处理厂污水进入浍河的入河口上游100 m的表水断面水质氟化物浓度为1.14～1.28 mg/L,显示在没有污水排放口影响的情况下,污水处理厂排口上游100 m断面氟化物浓度比污水处理厂排水氟化物浓度高,可以认为该地区地表水中氟化物并非来自废水污染,而主要来自环境本底。

2. 砀山县王引河固口闸断面

(1) 河流基本情况

砀山县位于安徽省最北端,苏、鲁、豫、皖4省7县交界处。砀山县跨新汴河、南四湖两大水系,同属淮河流域。砀山县所属的两大水系中,汇水面积在50 km^{2}以上的骨干河流有9条,10～50 km^{2}的大沟有34条,对区域内抗旱排涝和防洪起到积极作用。两大水系以故黄河南堤为分水岭,以北为南四湖水系,流域面积 440.3 km^2，占全县总面积的 36.9%，主要河流有故黄河、复新河、苗城河；以南为新汴河水系，汇水面积为 752.84 km^2，占全县总面积的 63.1%，主要河流有大沙河、巴清河、利民河、东洪河、文家河等。

王引河固口闸国控断面于 2020 年设立，为省界（皖—豫）国控断面，水质考核目标为地表水《地表水环境质量标准》(GB 3838—2002) Ⅳ类标准。断面氟化物于 2023 年 7 月通过环境本底值认定。王引河固口闸国控断面汇水范围如图 4-38 所示。

图 4-38　王引河固口闸国控断面汇水范围示意图

(2) 氟化物浓度

根据地表水环境质量监测结果，王引河固口闸断面氟化物含量是该断面经常性超标的指标之一，氟化物超标情况较为突出。根据王引河固口闸断面 2021—2023 年的监测结果（图 4-39），氟化物浓度超过 1.0 mg/L 的情况共出现 22 次，占比 61.1%，其中氟化物浓度超过 1.5 mg/L 的情况出现 6 次，占比 16.7%，在汛期 7—10 月氟化物浓度明显降低，这表明该区域地表水氟化物存在经常性超标的现象，降雨对地表水氟化物浓度有一定的稀释作用。

2022 年 12 月，对砀山县王引河干流的 8 个地表水监测断面进行氟化物监测，沿程氟化物含量变化如图 4-40 所示。对砀山县境内其他 11 条河流进行氟化物监测，支流氟化物含量分布如图 4-41 所示。其中，氟化物浓度超过 1.0 mg/L 的有 7 条河流，超标率为 63.64%。王引河汇水范围内共有四个监测点位，氟化物浓度氟化物浓度均超过 1.0 mg/L。

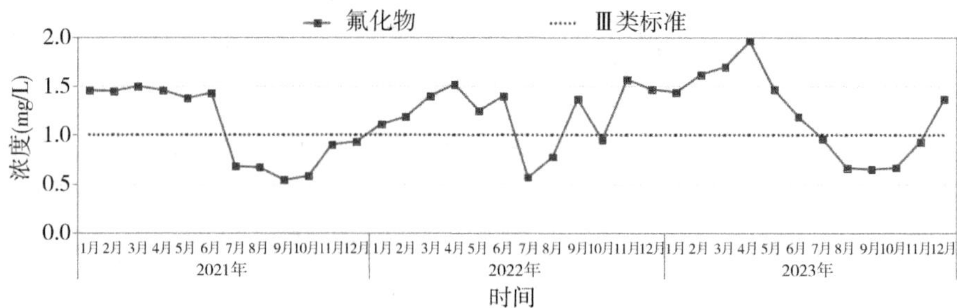

图 4-39　王引河固口闸断面 2021—2023 年氟化物浓度趋势图

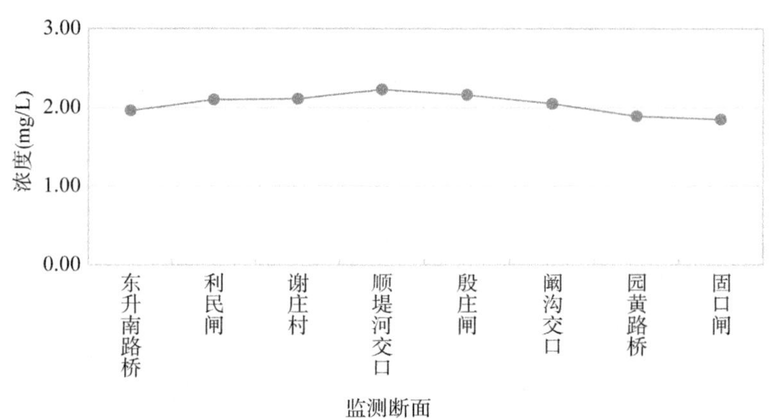

图 4-40　引河干流地表水监测断面氟化物浓度变化

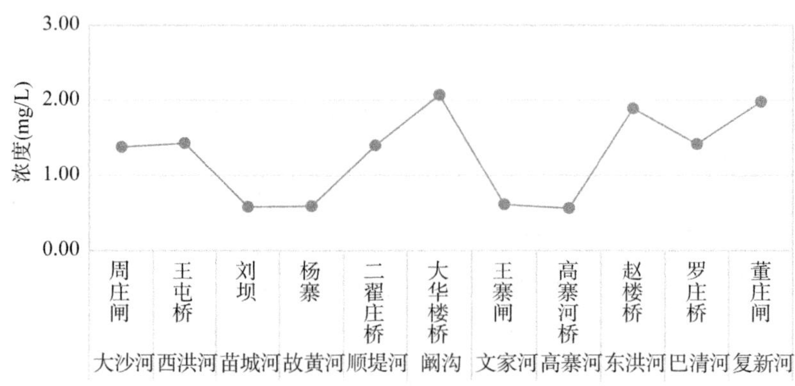

图 4-41　砀山县境内支流氟化物浓度分布

2022—2023 年，砀山县相关部门开展了 5 个乡镇浅层地下水监测，15 个地下水监测井的氟化物含量在 0.7～1.41 mg/L 间，有 9 个点位均超过 1.0 mg/L，超标率 60%，平均值为 1.09 mg/L。

刘桂建在《安徽省地下水环境状况调查评估-健康风险评估与综合研究》报告中指出，2021—2022 年砀山县 38 个地下水监测点的监测数据（图 4-42），氟化物含量范围是 0.96～3.61 mg/L，平均值为 2.58 mg/L，除王楼水厂氟化物浓度为 0.96 mg/L、曹庄镇中心水厂为 0.97 mg/L 外，其余 35 个监测点均超过 1.0 mg/L，超标率 94.6%。

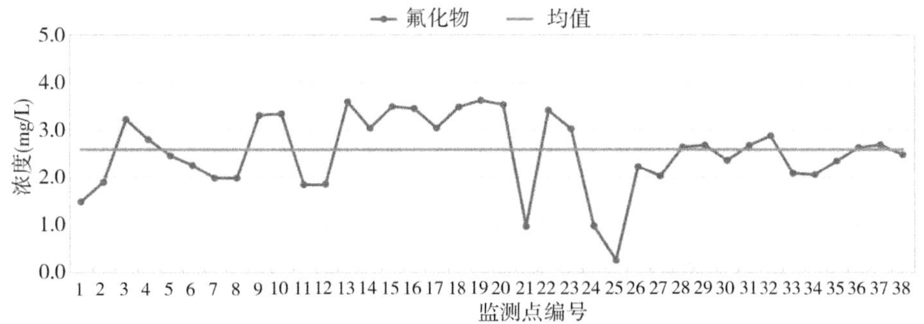

图 4-42　砀山县地下水监测点氟化物浓度分布

2019 年 4 月，砀山农业农村局（水利局）对砀山县境内 45 个地下水源水厂水质进行了检测，氟化物浓度分布如图 4-43 所示。45 个地下水源水厂的氟化物浓度含量偏高，所有检测井的水质氟化物浓度均超过了 1.0 mg/L，超标率为 100%，含量范围是 1.4～4.7 mg/L，其中氟化物浓度超过 2.0 mg/L 的水厂有 42 个，超过 4.0 mg/L 的水厂有 11 个，氟化物浓度平均值为 3.2 mg/L。

基于以上数据资料分析，砀山县地表水环境中氟化物浓度处于较高的水平。王引河固口闸断面汇水范围内氟化物浓度长期处于超 1.0 mg/L 状态。

（3）原因分析

砀山县年蒸发量平均为 1 712.4 mm，约为年平均降水量的 2.5 倍，受蒸发浓缩作用的影响，砀山县地表水体中氟化物浓度升高。此外，降水过程还会将河边土壤中的部分物质淋滤冲刷进入河流水体。

砀山县处于安徽省淮北平原最北部，系黄淮海平原的一部分，地势平坦，为黄河冲积而成。砀山县境内地下水类型可分为松散岩类孔隙水和碳酸盐岩类裂隙岩溶水两大类型。含水层组地壳中普遍含有较高含量的氟矿物，黏土矿物中富含高岭石、蒙脱石及水云母，砂层中含有云母、磷灰石、萤石及角闪石等矿物，

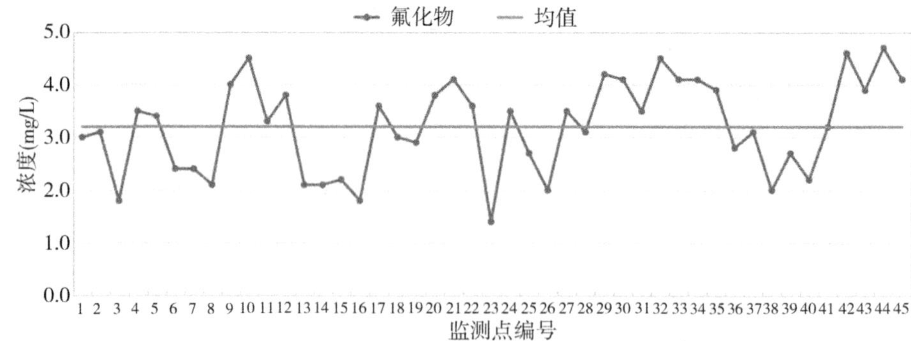

图 4-43　砀山县地下水源水厂氟化物浓度分布

它们在风化淋溶过程中，经过溶滤或水合作用转入地下水中，这成为天然水中氟的重要来源。

根据吴泊人等对安徽省淮北平原浅层地下高氟水分布规律及资源进行的分析，砀山县处于 4.5～7.5 mg/L 的高土壤水溶氟区域内，王引河固口闸断面所处的位置土壤水溶氟化物含量在 4.5～6.0 mg/L，降水的淋溶作用会使高氟土壤中的水溶氟带入地表水，导致王引河固口闸断面氟化物含量升高。

砀山县位于淮北平原，地势平坦，滩地及洼地分布较多，降水主要集中在 6—9 月，存在时空分布不均的特征，非汛期地表径流条件较弱，有利于氟离子的富集，导致地表水体中氟化物浓度升高。砀山境内，河流水位的变化是影响两岸地下水动态的重要因素。在地表水和两岸潜水存在水力联系的情况下，河水位高于两岸潜水位时，将补给地下水；河水位低于附近地下水位时，河渠就成为地下水的排泄出路。

由于氟化物是砀山县浅层松散岩类孔隙水水质的主要影响因子，而浅层松散岩类孔隙水与河水的水力联系最为密切，淮北平原氟离子浓度超标最根本原因是含氟矿物的溶解富集，同时，常年补给地表河流是浅层地下水的主要排泄方式之一。

砀山县部分地区浅层地下水因受到地质因素的影响，氟化物含量较高。同时调查结果表明，汇水范围内浅层地下水氟化物浓度水平均高于河流氟化物浓度水平。非汛期以地下水补给地表水为主，当河水接受浅层高氟地下水的补给时，也同时接受了地下水中的氟化物及其他化学组分，从而导致了河水中这些组分含量的增加。地表水氟化物超标与高氟地下水有较大关系。

第四节
豫东区域

1. 河流基本情况

商丘市是河南省的“东大门”，位于豫东平原东部，北与山东接壤，与菏泽、济宁相邻，东隔安徽一角与江苏徐州相望，南与安徽省和本省周口市接壤，西与开封市毗邻。东西横跨 168 km，南北纵贯 128 km，市辖区面积 10 704 km^2，商丘地区分属洪泽湖、涡河、南四湖三大水系。境内流域面积在 1 000 km^2 以上的骨干河流有涡河、惠济河、沱河、黄河故道、浍河、大沙河、王引河等。河流大多呈西北—东南流向，大致平行相间分布，多属季节性雨源型，汛期遇大雨、暴雨，河水猛涨，洪峰显著，水位、流量变化很大。

包河：源于黄河故道南侧，经濉溪县、宿州市、灵璧县、固镇县，在五河县通过洪新河流入洪泽湖，流域面积 749 km^2。年径流深 70～80 mm，丰水年径流量可达 0.694 亿 m^3，枯水年为 0.047 亿 m^3，枯水年可利用量只有 0.035 亿 m_3。

沱河：沱河发源于商丘市虞城县北部黄河故道的南侧，流经虞城县西关、夏邑县司胡同、永城市蒋口、西十八里、老城北关，于候岭乡钟庄东约 3 km 处入安徽境，之后称新汴河。省界以上沱河长 132.7 km，流域面积 2 358 km^2，永城市内流域面积 531.9 km^2，区间河流长度 41.5 km。虬龙沟、毛河是沱河主要支流，虬龙沟源于黄河故道，在张板桥处(夏邑县与永城交界)与沱河交汇。“十三五”时期，沱河共设置四个考核断面，分别为夏邑金黄邓断面、永城张板桥断面、永城张桥断面以及小王桥断面，其中永城张板桥断面和小王桥断面为国控断面。夏邑金黄邓断面位于夏邑县境内，为四个断面中的最上游断面；永城张板桥断面位于虬龙河汇入沱河口，是永城市沱河的入境断面；永城张桥断面介于永城张板桥断面和小王桥断面之间；小王桥断面位于永城张桥断面下游，是商丘市沱河的出境断面。“十四五”时期，沱河共设置三个国控断面，分别为老杨楼断面、永城张板桥断面以及小王桥断面。其中，老杨楼断面为三个断面中的最上游断面。

老杨楼断面、永城张板桥断面、小王桥图控断面汇水范围分别如图 4-44、图 4-45、图 4-46 所示。

图 4-44　老杨楼国控断面汇水范围示意图

图 4-45　永城张板桥国控断面汇水范围示意图

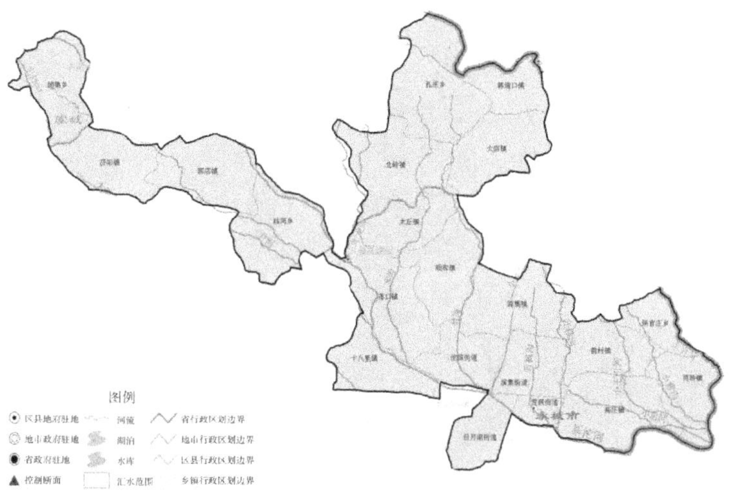

图 4-46 小王桥国控断面汇水范围示意图

浍河:浍河发源于商丘市夏邑县业庙乡蔡油坊,流经永城市酂城、王集、新桥、黄口等乡镇,在候岭乡李口村入安徽省濉溪县。再经固镇,至五河县合沱河入淮河。省界以上河流长度 58.4 km,流域面积 1 314 km^2,永城市境内浍河流

图 4-47 夏邑业庙国控断面汇水范围示意图

域面积 634 km²，河长 47.9 km。东沙河是浍河的主要支流，发源于商丘市梁园区李庄乡黄河故道南侧，流经虞城县、夏邑县，至永城市大王集入浍河，河流长度 105.7 km，流域面积 394.1 km²。浍河共设有两个国控断面，分别为夏邑业庙断面和黄口断面。夏邑业庙断面在“十四五”时期调整为国控断面，黄口断面位于永城市东南角，是商丘市浍河的出境断面。夏邑业庙、黄口国控断面汇水范围分别如图 4-47、图 4-48 所示。

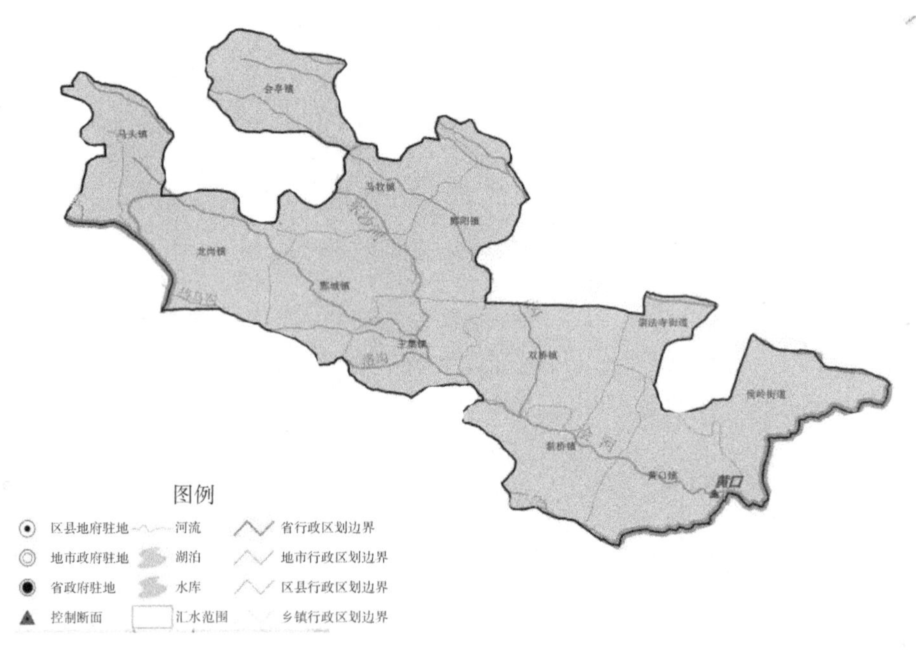

图 4-48　黄口国控断面汇水范围示意图

王引河：自砀山县南部的固口闸始，上承巴清河、大沙河、利民河来水，东南向流；固口闸以下，流经河南省夏邑县窑山集，永城市条河镇、芒山镇、滦湖镇、刘河镇、陈官庄乡至高集西进入安徽省境内萧县西南部，沿皖豫边界至刘楼，进入濉溪县境，经刘桥、翟桥，于大秦家闸西，南入东新建沟与沱河汇流。河道全长 80 km，流域面积 1 241 km²。王引河旧称“王引沟”，原发源于今河南省永城市条河镇姚楼村，于 1958 年在其北安徽省砀山县南部扒开沉堤，将原属于洪碱河水系的巴清河、大沙河和利民河引入王引河。故现今王引河源自砀山县的陈堤口，东南流经永城市东部地区，沿河南安徽省界，流入安徽省濉溪县境内，东南流至淮北市烈山区古饶镇的大秦家闸经东新建沟与沱河汇流。“十四五”时期，商丘境内王引河新增设祖楼（任圩孜桥）国控断面，其汇水范围如图 4-49 所示。

图 4-49　祖楼(任圩孜桥)国控断面汇水范围示意图

2. 地表水氟化物含量

根据 2018—2022 年沱河水质监测数据,沱河各监测断面氟化物含量超《地表水环境质量标准》(GB 3838—2002)Ⅲ类标准限值。沱河各水质监测断面氟化物变化情况见图 4-50 和表 4-10。

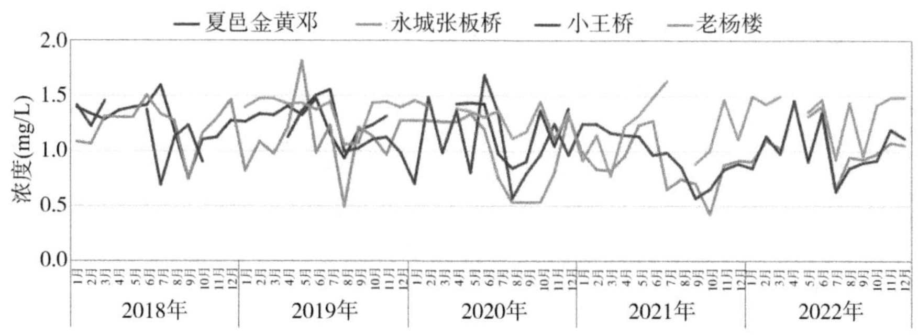

图 4-50　沱河各水质监测断面氟化物浓度趋势

表 4-10　沱河各水质监测断面氟化物情况表

年份	监测项目	监测断面			
		夏邑金黄邓	永城张板桥	小王桥	老杨楼
2018 年	年度均值(mg/L)	1.26	1.23	1.17	—
	超标率(%)	92	92	75	—
2019 年	年度均值(mg/L)	1.26	1.08	1.16	1.36
	超标率(%)	91	58	80	100
2020 年	年度均值(mg/L)	1.2	0.97	1.07	1.31
	超标率(%)	67	58	42	100
2021 年	年度均值(mg/L)	—	0.86	0.97	1.17
	超标率(%)	—	17	42	58
2022 年	年度均值(mg/L)	—	1.03	1.02	1.35
	超标率(%)	—	64	50	91

根据 2018 年—2022 年浍河监测数据，多数时期，浍河氟化物含量超《地表水环境质量标准》(GB 3838—2002)Ⅲ类标准限值 1.0 mg/L。2019 年夏邑业庙断面和黄口断面氟化物含量年均值相差不大，超标频率也接近。整体上浍河在业庙和黄口断面氟化物浓度均较高，无明显变化规律。2018—2022 年浍河各水质监测断面氟化物变化情况见图 4-51 和表 4-11。

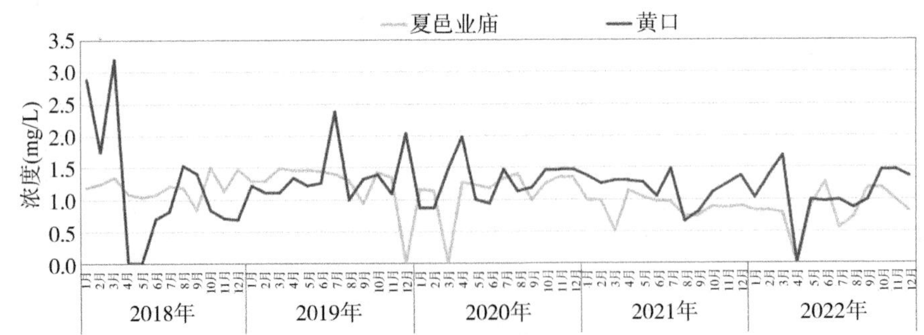

图 4-51　浍河各水质监测断面氟化物浓度趋势

表 4-11　浍河各水质监测断面氟化物情况表

年份	监测项目	监测断面	
		夏邑业庙	黄口
2018 年	年度均值(mg/L)	1.19	1.44
	超标率(%)	92	50

续表

年份	监测项目	监测断面	
		夏邑业庙	黄口
2019年	年度均值(mg/L)	1.34	1.36
	超标率(%)	91	92
2020年	年度均值(mg/L)	1.23	1.27
	超标率(%)	91	67
2021年	年度均值(mg/L)	0.89	1.17
	超标率(%)	17	83
2022年	年度均值(mg/L)	0.91	1.19
	超标率(%)	27	55

根据2021—2022年王引河祖楼断面水质监测数据，祖楼断面氟化物含量存在超标现象，尤其是2022年，氟化物浓度超标率达55%。2021—2022年王引河水质监测断面氟化物变化情况见图4-52。

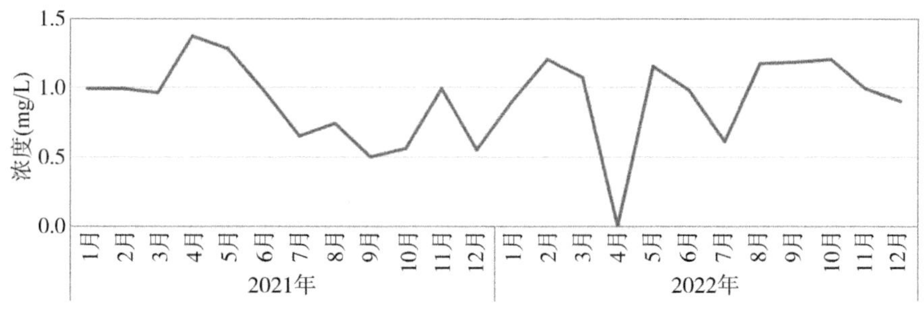

图4-52　王引河祖楼断面氟化物浓度趋势

3. 地下水氟化物含量

商丘市境内沱河、浍河自北向南依次流经虞城县、夏邑县、永城市，王引河主要在永城市。为了解沱河、浍河及王引河流域地下水氟化物状况，对沱河和浍河及王引河流经地区市、县级水源地氟化物监测数据、断面所在乡镇水源水质监测数据、商丘市以往地下水相关调查资料进行了分析总结。

根据商丘市环境监测部门2018年1月至2020年6月的水质监测数据，梁园区水源水氟化物超标率几乎为100%，氟化物平均浓度值在1.70 mg/L以上，如图4-53所示。

根据虞城县疾病预防控制中心对乡镇水源水质监测结果，虞城县23个乡镇地下水饮用水氟化物超标严重，其中张集水厂、黄家水厂氟化物超标最为严重，超标倍数分别达 1.83、1.89 倍，如图 4-54 所示。

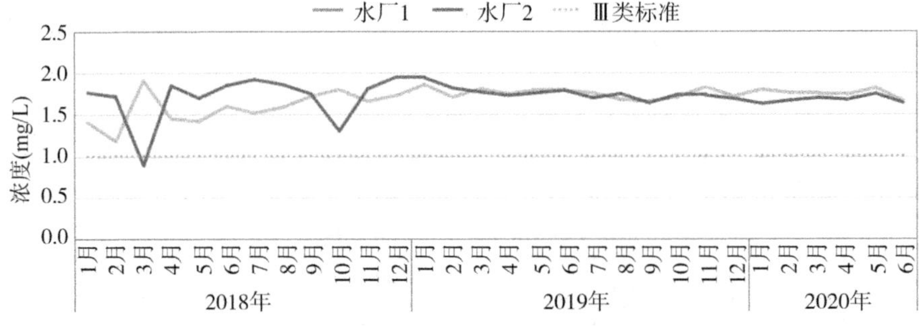

图 4-53　梁园区水厂水源水氟化物浓度趋势

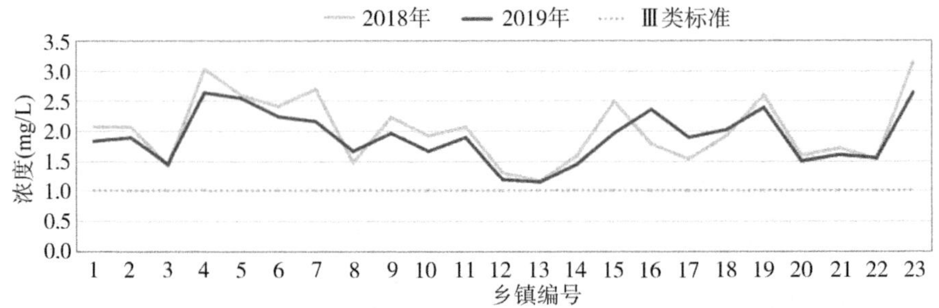

图 4-54　虞城县 23 个乡镇地下水饮用水氟化物浓度

根据夏邑县疾病预防控制中心对乡镇水源水质监测的结果，夏邑县 15 个乡镇地下水饮用水氟化物超标严重，其中业庙水厂氟化物超标最为严重，超标倍数达 1.1 倍，如图 4-55 所示。

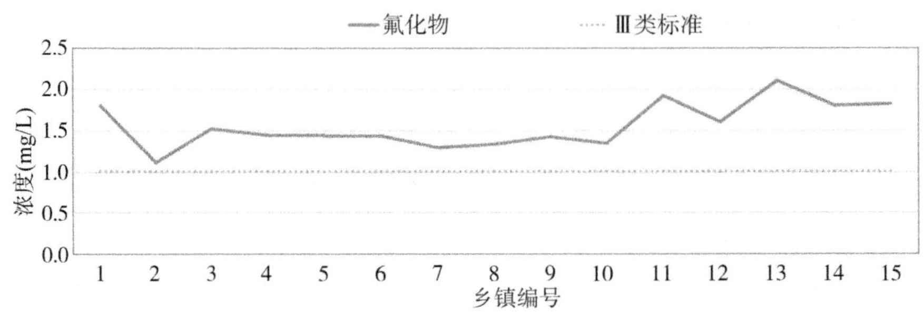

图 4-55　2014—2018 年夏邑县 15 个乡镇地下水饮用水氟化物平均浓度

根据永城市环境监测站提供的 2018—2019 年部分月份永城市新城水厂汇水区的水质监测数据，永城市新城水厂水源水氟化物 2018 年超标率为 89.89%，2019 年超标率为 100%，氟化物最大值 1.88 mg/L，如图 4-56 所示。

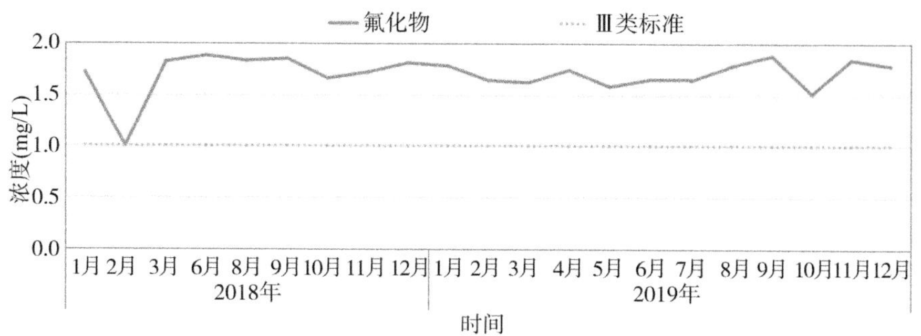

图 4-56　永城市新城水厂水源水氟化物浓度

根据 2019 年永城市环境监测站监测分析结果报告单，永城市 24 个乡镇地下水饮用水氟化物超标严重，其中城关镇供水厂氟化物超标最为严重，超标倍数达 1.52 倍，如图 4-57 所示。

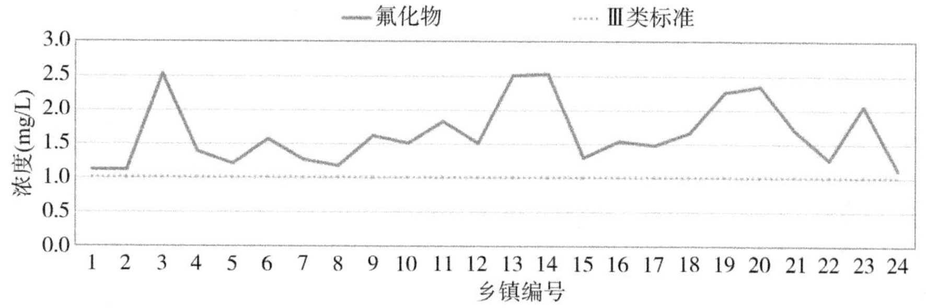

图 4-57　永城市 24 个乡镇地下水饮用水氟化物浓度

4. 原因分析

商丘市位于隐伏的秦岭东西向构造体系东端和新华夏构造体系的复合部位。宁陵—商丘是一个掩埋的近东向西古隆起，基底深度 400～800 m，陇海铁路北为北西—南东方向的商丘正断层。

根据《淮河流域(河南段)环境地质调查报告》，商丘市宁陵县北部为粉砂单层结构，主要为黄河冲积物；结构松散，有利于大气降水入渗补给；宁陵县、永城市的部分地区为粉质黏土区，大部分地区结构致密，虽有裂隙，经水入侵即闭合，不利于降水入渗补给。民权县东北、柘城县南部、商丘—永城一带为粉土为主的多层区，粉土厚度一般大于 3 m，大部分地段具大空隙或孔隙，结构较疏松，有利于降水入渗。睢县—柘城县、商丘市区为粉质黏土为主的多层区，虽以粉质黏土为主，但部分地层段为粉土，同粉质黏土相比降水入渗系数稍大些。其他地区为粉土单层结构区，主要由黄河及沙颍河冲积物，结构较疏松，具大空隙和孔隙，有利于降水入渗补给地下水。

商丘市目前深层水的开发深度大部分在 350～500 m 之间，赋存于上第三系冲积湖积层中。含水层岩性以细砂为主，其次为中砂、粉砂，砂层累积厚度为 50.50～89.10 m，分布稳定，富水性强，有从西南、南向东北、北颗粒变细的趋势。

根据《淮河流域(河南段)环境地质调查报告》，按埋深程度划分，商丘市浅层和中深层地下水的水化学类型主要有以下几种——

浅层地下水(20 m)：柘城县—永城市西部等地为 HCO_3-Ca・Mg 型水，宁陵县—商丘市等地为 HCO_3・Cl-Ca・Mg 型水，民权县与永城市东部为 Cl・SO_4・HCO_3-Na・Mg 型水，睢县—虞城县等地为 HCO_3-Na・Mg・Ca 型水。

浅层地下水(20～50 m)：夏邑县—永城市等地为 HCO_3-Na・Mg・Ca 型水，民权县西南部、商丘市—虞城县等地为 HCO_3・Cl-Ca・Mg・Na 型水，睢县—宁陵县等地为 HCO_3-Mg・Ca・Na 型水。

中深层地下水(埋深大于 50 m)：柘城县东部地区为 HCO_3-Na 型水，虞城县—夏邑县等地为 Cl・SO_4-Na 型水，睢县—商丘西部—永城市等地为 HCO_3・Cl-Na 型水，商丘市东部为 SO_4・HCO_3-Na 型水。

商丘地区为低缓平原，地形平坦开阔，水力坡度小，地下水径流不畅，有利于氟离子的浓缩富集。沱河、浍河、王引河流域中深层地下水水化学类型中钠多钙少，有利于氟的富集。此外，降水的入渗补给和蒸发消耗，对地下水的动态类型与化学成分的形成具有明显的影响。商丘地区蒸降比可达到 2.25，蒸发作用强烈，有利于氟的富集。

沱河及浍河的虞城段和夏邑段包气带以粉土为主，沱河、浍河及王引河的永城段包气带为粉质黏土，含水层岩性颗粒较细，地下水径流缓慢，有利于氟化物的富集和保存。商丘市浅层含水岩组岩性以细砂、粉砂为主，富水性强。

沱河、浍河流域流经地区自北向东南中深层导水系数呈降低趋势，梁园区为 200～300 m^2/d，虞城县 100～200 m^2/d，夏邑和永城大部分地区 50～100 m^2/d，沱河、浍河在永城出境地区以及王引河流经地区，中深层导水系数小于 50 m^2/d。

沱河、浍河、王引河流域浅层地下水的埋藏较浅(2～4 m)，地下水与地表水之间存在密切的水力联系，水中物质会随水体的迁移而迁移，而且区域内生活生产用水大多来自地下水，所以，沱河、浍河、王引河水体氟化物含量必然受到地下水氟含量的影响。

商丘市是我国氟化物污染较为严重的地市，根据最新的关于商丘市浅层地下水环境质量调查分析结果可知，商丘各县区浅层地下水中氟化物含量均是主要超标项目之一，而其中超标率（超标检测井数/总检测井数）高达90%的是永城市。永城市农村地区由于净水等基础设施缺乏，仍然以氟化物高超标的浅层地下水作为主要的饮用和灌溉水源，这些高超标氟化物长期影响着该区居民的身体健康。

地氟病在商丘市流行已久。地氟病对病区人民的身心健康造成了很大的危害，并严重影响了当地工农业的发展。根据商丘市多次地方性氟病调查工作的统计，在20世纪80年代第一次氟中毒流行调查中，梁园区、虞城县、夏邑县以及永城市病区氟斑牙均有不同程度检出，检出率均大于50%，其中梁园区、睢阳区、夏邑县以及永城市检出率大于70%。随着改水降氟工程的实施，各县区氟斑牙检出率明显下降，2019年氟斑牙检出率均有不同程度上浮，与商丘市总体地氟病流行情况变化基本一致。

根据沱河、浍河、王引河流域地区水源地氟化物监测数据以及地下水历史氟化物调查结果和地氟病流行情况，表明商丘境内沱河、浍河、王引河流域地区地下水中氟化物含量普遍较高，且地表水中氟化物含量与地下水中氟化物关系密切。基岩风化释放氟、地形低洼、浅层地下水盖层岩性等三方面可能为该区域氟富集的主要原因。

第五节

其他区域

1. 水库基本情况

登封市的河流分属淮河和黄河两大水系。石道乡以西为黄河流域，以东为淮河流域。颍水属于淮河水系，发源于石道乡的颍谷珍珠泉，自西向东贯穿登封全境，经许昌、周口至安徽颍上县注入淮河，流域面积 1 067.5 km^2。

白沙水库是解放后河南省修建的第一座大型水库，水库位于淮河登封段下游，坝址坐落在禹州市与登封市交界的白沙村北 300 m 处。白沙水库于 1951 年 4 月开工兴建，1953 年 8 月建成，1956 年至 1957 年进行了扩建，2003 年至 2006 年进行了除险加固。水库总库容 2.95 亿 m^3，兴利库容 1.15 亿 m^3。多年平均水位 222 m，对应水域面积约 10 km^2。控制流域面积为 985 km^2，占颍河流域面积的 13.6%，主要有颍河干流、后河、太后庙河、石崖河、少林河、书院河、五渡河、石淙河、佛垌河、马峪河、白坪河、王堂河、吴家村河等河流汇入。该水库是以防洪为主，兼顾工业、农业供水、水产养殖、旅游开发等综合利用的大(Ⅱ)型水利枢纽工程。白沙水库作为登封地区颍河流域最终汇入水体，设计之初作为河道型水库使用。由于气候水文条件变迁，水库库容逐年减少，目前已经不再向下游放水。“十三五”设置的国控断面水质目标为Ⅲ类，于 2022 年 6 月通过环境本底值认定。白沙水库国控断面汇水范围如图 4-58 所示。

2. 水库氟化物

白沙水库 2018—2020 年氟化物浓度变化如图 4-59 所示。在近三年的断面水质监测中，白沙水库氟化物浓度维持在较高水平(均值 1.38 mg/L)。主要原因有二，一是白沙水库周边及上游颍河流域大部分支流在地质构造上属典型高氟区，富氟岩石风化后赋存地下水，溶出氟离子，部分溶出的氟离子随地下水排入中部低谷河流中，最终汇入白沙水库；二是由于自然变迁，白沙水库库容逐年减少，氟化物滞留效应明显，导致水库内氟化物浓度升高。白沙水库 2009—2020 年氟化物浓度及降水量变化如图 4-60 所示。

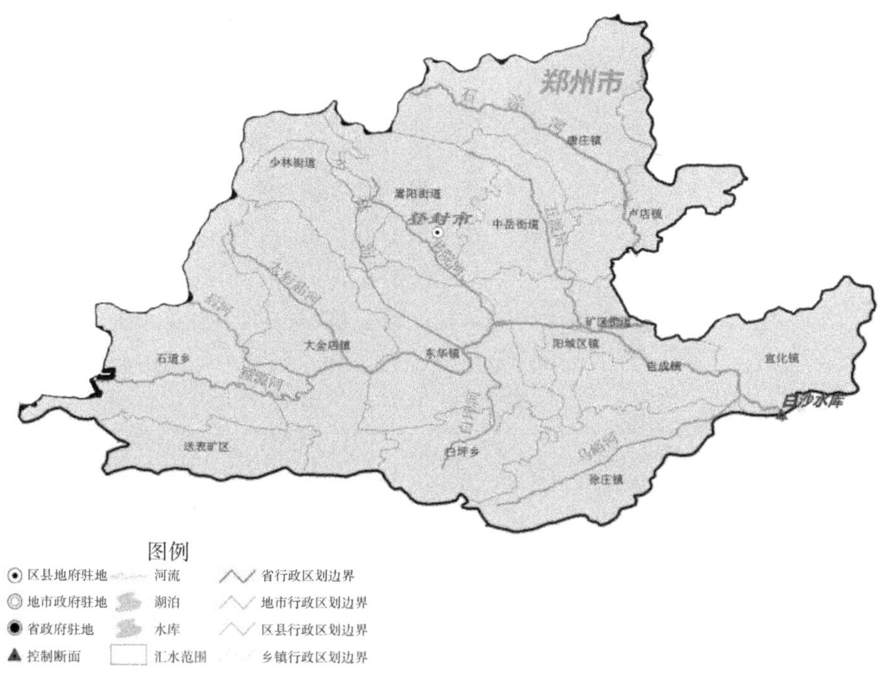

图 4-58　白沙水库国控断面汇水范围示意图

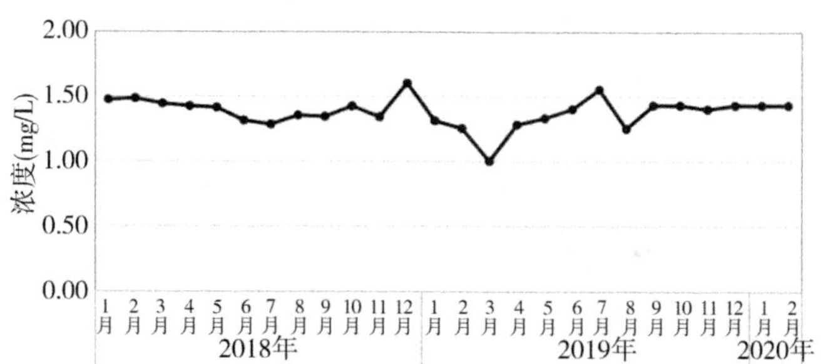

图 4-59　白沙水库 2018—2020 年氟化物浓度变化趋势

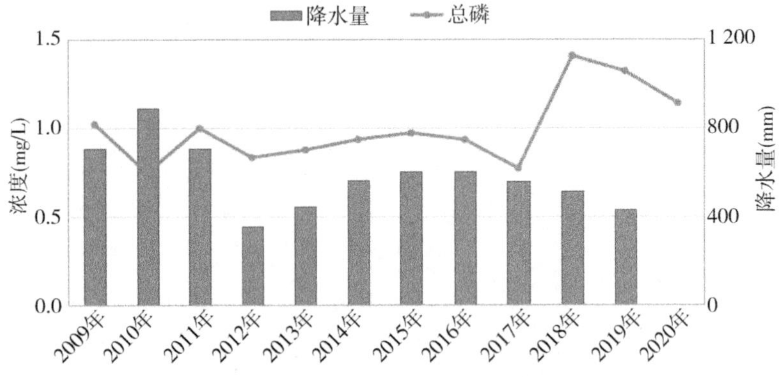

图 4-60　白沙水库 2009—2020 年氟化物浓度及降水量变化图

3. 地下水氟化物

白沙水库周边及上游颍河流域大部分支流在地质构造上有典型的高氟区，其中：青石沟地下水氟化物浓度达 1.48 mg/L、告成镇报沟地下水氟化物浓度达 1.9 mg/L、苇园沟地下水氟化物浓度达 1.82 mg/L。登封市氟中毒病区分布较多，总体属富氟地区，饮水型氟中毒情况较为严重。根据 2017 年检测结果，地下水氟化物浓度较高，区域氟化物含量范围为 1.05～3.0 mg/L，个别村达到 7.0 mg/L。平均氟含量值为 1.43 mg/L，导致多数地区地表水氟含量较高，最终汇入白沙水库致使入库水质氟含量较高。

从 2016 年开始，颍河水源地四个水库及其他支流源头水量逐年下降，甚至大多数源头出现断流，补给白沙水库的低氟化物浓度的天然水体水量消失殆尽。颍河流域各支流多数断流，不再对沿途地下水进行补给，随着地表水液位的下降，高氟化物含量的地下水开始补给地表水，致使颍河河水氟化物浓度升高，导致白沙水库入库水体氟化物浓度升高。

4. 成因分析

颍河流域属温带大陆性气候，多年平均降雨量约 600 mm，年际变化很大，丰水年为 1964 年，年降水量 1 143.70 mm，为多年平均值的 1.91 倍。枯水年为 1986 年，年降水量 409.10 mm，是丰水年的 33.8%。降雨年内分配不均，6—9 月降水量 433.70 mm，占全年 65%。总体来说，登封市年降雨量相对较少，对地表水及白沙水库有一定的水量补给，但是补给量有限。降雨形成的地表径流，流经高氟地区时，会对土壤、岩石中的氟离子进行淋溶、迁移，并对白沙水库氟化物总量进行一定量的累积。

白沙水库周边及上游颍河流域大部分支流在地质构造上属典型高氟区，富氟岩石风化后赋存地下水，溶出氟离子，氟离子随地下水排入中部低谷河流中，最终汇入白沙水库。白沙水库流域地下水多就近由西向东向沟谷运移，松散岩类孔隙地下水从南北两侧高地形区向中部河谷径流运移，登封境内河流网如树叶，向河径流排泄是松散岩类孔隙地下水的主要排泄方式，进而自西向东向颍河下游方向径流，最终汇入白沙水库。

白沙水库入库水量为颍河入库水量、年降雨量、地下水补给水量的总和，白沙水库出库水量为年蒸发量、出库水量的总和。白沙水库出库水量和入库水量平衡关系如图 4-61。

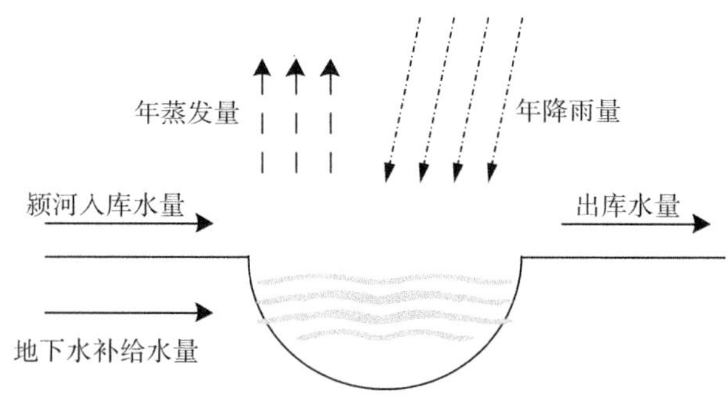

图 4-61　白沙水库出库水量和入库水量平衡关系图

从水库水量平衡关系图可以看出，库区水量受到了区域地下水的补给，区域地下水氟化物将对库区氟化物产生一定程度的影响。

煤矿企业在开采过程中产生大量的煤层涌水，煤层涌水中通常含有较高浓度的氟化物。煤层涌水经排出后通过絮凝沉淀等处理，形成地表水。在白沙水库上游区域内，对白沙水库氟化物环境本底产生影响的企业有登封市仟祥煤业有限责任公司、登封市兴峪煤业有限公司、郑州荣奇俱进热电能源有限公司和郑州广贤工贸有限公司新丰煤矿。根据相关监测数据，这四家企业排放污水中氟化物浓度均大于 1 mg/L，其排放氟化物浓度最低值 0.51 mg/L、最高值 4.45 mg/L，平均值 2.61 mg/L，对白沙水库氟化物浓度有一定影响。

第五章

总结与讨论

第一节
总结

氟是人生长发育不可或缺的化学组分，正常成人体内含氟 2.6g 左右，居体内微量元素的第三位，仅次于硅和铁。人体几乎所有器官内均含有氟，但人体内的氟绝大部分分布在硬组织骨骼和牙齿中，因此有人把骨骼称为人体的“氟库”，但人对氟的最佳摄入量仅在一个很小的范围之内。当氟的浓度过大时，会产生矿化过度或异位矿化的病理现象，造成氟中毒，称为地方性氟中毒。人体对氟的摄取主要通过饮食获得，由于入口的食物中水占据的比例最大，当水中氟含量超过一定限度时，氟的毒害作用就会显现出来。其中，8 岁至 12 岁儿童氟斑牙检出率是反映人群地方性氟中毒患病情况最主要的指标。

基于 2020 年国家地表水环境质量监测网数据，从全国地表水氟化物整体浓度分析来看，淮河流域氟化物平均浓度超标率最高，超标断面的数量占比最多，超Ⅲ类断面的年平均浓度值最低。地表水中氟化物浓度受多种因素影响，包括高氟的地质背景、地下水流动补给、有利于氟富集的地形地貌和气候气象条件以及工农业污染等人为因素。

气候对河流污染物浓度的影响主要通过影响河流的水量从而改变河流中不同化学组分的浓度。大气降水是河流水量补给的最重要途径之一，通过蒸发作用损失的水量在河流的水量收支平衡中也占有显著地位。因此，区域气候对地表水中异常离子的富集有显著影响，不同的气温和降水量能够影响河流的补、径、排情况。当温度升高或降水减少时，河流的净蒸发量大于降水量，河流的总水量减少，流量降低，在污染物总量不变的情况下，河水中污染物浓度增高。区域内总体水的蒸发量比区域的降雨量大，蒸发浓缩作用越强，当水分蒸发时，盐分被留在了残余水中，物质含量增高。当蒸发浓缩作用发生时，盐类按照溶解度从小到大的顺序依次沉淀。由于水体中化学组分的浓度升高和盐类的沉淀，化学组分的组成比例也发生改变。

淮河流域地下水主要分为松散岩类孔隙水、碳酸盐岩类裂隙岩溶水和基岩裂隙水，其中分布最广的为松散岩类孔隙水，但有供水作用的主要为孔隙水和岩溶水。地下水中的氟化物主要来源是岩石、土层中氟化物。淮河流域内岩石、土层中氟化物含量较地下水中含量高出许多，甚至高出几个数量级。因此，在岩石风化过程中，部分氟化物被地下水所溶解，导致氟化物含量增高。如河南省伏牛山一带因广泛分布含氟化物的花岗岩和萤石矿脉，构成典型的富氟地球化学环境区，该区有高氟化物地下水分布。浅层地下水碱性越强，氟离子的迁移能力越强，在还原环境中越有利于氟离子的富集。如山东省微山湖西部地区（济宁市与菏泽市部分区域）的冲湖积平原地区黏性土的浅层地下水一般偏碱性，且多处于还原环境中，地下水径流条件差，氟化物含量较高。菏泽地区很多浅层地下水中氟含量超过 2.0 mg/L。总之，由于淮河流域区域性地质构造，在一些区域（如：第四章中所述区域）的地质构成中富有含氟矿物，这些矿物在长期地质作用下溶解释放出氟化物，导致地下水中氟化物含量超标。地下水（特别是浅层地下水）和地表水之间存在着相互作用，相关污染物可以在二者间进行迁移。如果地下水中含有高浓度的氟化物，就可能通过补给的方式进入地表水，从而导致氟含量超标。

同时，人为因素也是导致地表水中氟化物浓度过高不可忽视的因素。随着社会发展，人们对物质生活的过度追求，在某些工业（特别是光伏、半导体行业、玻璃纤维制造、铝制造业等）生产过程中会释放出含氟化合物的废水，如果这些废水未经适当处理，可能会导致排放废水中的氟化物含量超标。在一些农业实验，使用含氟化合物的化肥或农药，会导致含氟化合物流入地表河流或渗入土壤，最终进入地下水。此外，不适当管理的排水系统和垃圾填埋场也可能导致含氟化合物的废水外溢或渗滤液渗入地下水中。

淮河流域一些区域为高氟地区（不仅限于本书中所述的区域），主要还是受地质影响所致。在长期的地质条件下，地下水中含有较高浓度的氟化物，并在水文条件以及人类生产活动下进一步迁移至地表水中，形成了较高浓度的地表水氟化物。尽管地表水中氟化物浓度超出了相关水质标准，在多部门的共同努力下，淮河流域内饮水工程中氟化物浓度控制取得了一定成效，有效地保障了人民的饮水安全。

高氟地下水的形成机制概括为以下两种模式：一是岩石中的氟经大气降雨、地表水或地下水淋滤进入水圈，受地形地貌约束随地表水、地下水径流进入含水层，在径流不畅的地段，受气候、水化学环境影响，产生蒸发浓缩现象，形成高氟水，这是北胶莱河区域高氟水形成的主要模式；二是岩石风化变成土壤后，经搬运作用在地势低洼处沉积，大气降雨、地表水或地下水淋滤土壤，使其中的氟进入地下水中，在水化学环境适宜的条件下，经过蒸发浓缩作用形成高氟水。

尽管淮河流域地表水中多个国控断面已通过了氟化物的环境本底值认定，但是流域监管机构仍然需要加强监管，采用科学手段，对氟化物的污染问题进行精准识别的同时，依法开展有效治理。

第二节 讨论

在生态环境部公布的全国主要河流断面(国控断面)水质监测月报中，氟化物已成为继化学需氧量(COD)、总磷(TP)、总氮(TN)等污染因子之后，我国地表水的主要水质超标因子之一。环境氟化物污染问题引起多方关注。2023 年出现的一个明显趋势是包括江苏、山东、安徽、河南等多个省份，均对废水中氟化物的浓度限值有了更加严格的要求。

近年来，随着光伏、新能源汽车、半导体等产业的快速发展，其含氟工业废水逐渐成为环境氟化物污染的重要来源。以光伏行业为例，2022 年其产生的含氟废水估算达数亿吨，且仍在快速增长中，对水环境安全构成了严峻挑战。我国氟化工行业保持快速增长，氟产品应用领域从传统行业转向电子、能源、环保、信息、生物医药等新领域，在带动经济增长的同时，也给生态环境构成了一定威胁。

战略新兴行业如半导体、光伏等，均属于涉氟行业，产业分布广，芯片清洗、蚀刻和太阳能硅片切割、脱胶和清洗等生产工序中会产生大量含氟废水。这些废水约占全国工业废水总排放量的 5%。根据国家能源局公布的 2023 年上半年全国电力工业统计数据，我国光伏总装机容量已达到我国第二大电源装机容量，仅次于煤电。根据工信部发布的信息，2022 年我国光伏产业链各环节产量再创历史新高。全国多晶硅、硅片、电池、组件四个环节的产量分别达到 82.7 万吨、357 GW、318 GW、288.7 GW，同比增长均超过 55%。与此同时，近年来我国半导体等电子行业规模持续扩大。2022 年，我国半导体市场产能约为 3 500 万片/年，占全球市场的 1/3，半导体行业每年也会产生大量含氟废水。大力发展太阳能发电是我国完成“十四五”能源体系建设的重要环节。未来较长一段时间内，我国光伏和半导体行业的规模将保持较快增长，预计每年增长 7%～8%，含氟废水产生量也将随之增大。

中国光伏产业成熟度较高的区域包括淮河流域四省。截至 2023 年 3 月，我国共有存续的光伏产业企业 4.8 万家，江苏省以 9 333 家，位居第一，山东省以

5 364家紧随其后。安徽省光伏和新型储能产业实现出口480.2亿元，阳光电源储能系统出货量居全球第一。含氟工业废水来源集中在光伏、半导体等电子工业和电镀、氟化工、玻璃制造、金属冶炼等行业。含氟工业废水逐渐成为地表水环境中氟化物污染的重要来源。随着相关产业规模扩大，向水环境中排放的氟化物总量将不断增加，对水环境承载力形成冲击。

含氟废水如果直接进入环境，将影响土壤和水体中微生物的活性和矿物组成。氟化物超标会引起氟斑牙、腰背酸疼、佝偻甚至麻痹等症状，还会造成其他的器官功能紊乱。如果饮用水中氟含量高于4 mg/L，氟斑牙的患病率可达到100%，并导致氟骨症的发生，对人体的健康及日常生活产生极大的影响。

含氟废水排放容易造成地表水断面水质超标。近年来，南水北调东线及京杭大运河沿线（江苏、山东、河北等）以及安徽、山西、内蒙古等地国、省考断面均出现过氟化物超标现象，包括山西省晋城市泽州县长河黑龙潭断面、河北省廊坊市大清河台头断面、安徽省西淝河亳州市和阜阳市部分国控断面、山东省菏泽市部分河流断面、江苏省扬州市邗江区槐泗河省道S611断面等。较为严峻的态势倒逼上游产污源头不断提高减排要求。

氟化物超标问题在中央生态环保督察所发现的问题中也有体现。例如，2021年中央第三生态环境保护督察组进驻湖北期间，发现湖北省黄麦岭磷化工有限责任公司磷石膏库渗漏，导致磷石膏库下游水体水质超标。这一磷石膏库坝下雨水沟总磷浓度最高为1.41 mg/L，氟化物浓度最高为4.34 mg/L，分别超地表水Ⅲ类标准6.05倍和3.34倍。

我国现行的《污水综合排放标准》（GB 8978—1996）规定的氟化物排放限值是10 mg/L，但这一标准已经不太适应日益严峻的氟化物污染态势。对此，部分省市在近两年陆续发布了新的地方性水污染物排放标准。其中，氟化物的排放标准显著从严。2023年，山东、江苏、安徽、河南四省分别发布了南四湖流域水污染物综合排放标准（分别以地方标准DB 37/3416.1—2023、DB 32/4576—2023、DB 34/4542—2023、DB 41/2469—2023发布），要求氟化物直接排放标准为2 mg/L。2023年出台的《江苏省地表水氟化物污染治理工作方案（2023—2025年）》（苏污防攻坚指办〔2023〕2号）（下文简称《工作方案》）规定，氟化物的排放标准向地表水Ⅲ类及以上水质标准（1～1.5 mg/L）看齐。“十四五”以来，江苏省国、省考断面工业特征因子超标现象多发，形势较为严峻，而氟化物超标情况尤为突出，已经成为江苏省主要的工业特征污染物。《工作方案》提出，考虑涉氟企业及园区现状分布，结合碳达峰、碳中和背景下光伏产业将快速发展的预期，未雨绸缪，提前筹划涉氟产业布局和项目准入要求。新建企业含氟废水不得接入城镇污水处理厂，已接管的企业开展全面排查评估。2024 年，江苏省涉氟污水处理厂及重点涉氟企业雨水污水排放口、部分重点国、省考断面安装氟化物自动监控系统，并与省、市生态环境大数据平台联网，逐步实现氟化物排放浓度和总量“双控”。

随着排放要求越来越严，未来对含氟废水的治理要求会不断提高。但由于多种原因，目前氟化物治理仍面临极大的挑战。虽然多地出台了更严的地方标准，但单纯的政策加严并不能解决所有问题，破解新技术应用的成本问题已是当务之急。目前在工业废水处理中广泛应用的除氟技术主要为钙盐沉淀与铝盐混凝两种，两者被统称为药剂法。钙盐沉淀主要利用钙盐与氟化物生成氟化钙沉淀去除污染物，受溶度积限制，通常仅可处理 10 mg/L 左右，很难一步到位，满足更低的处置需求。铝盐混凝法在经济可接受水平内，即污水处理厂运行成本 1 元/吨水左右时，可将氟化物处理至 3～5 mg/L；但面临 1 mg/L 这样的深度处理需求时，铝盐混凝法就会力不从心，处理效果极不稳定，且需要大大提高铝盐投加量，每吨水运行成本陡增至 2～3 元甚至更高。因此，目前迫切需要发展新型深度除氟技术。真正难的是将氟化物的浓度处理到 1.5 mg/L 以下，技术上可以实现，但主要是存在工程上应用成本的问题。可以用树脂吸附的方式将氟化物浓度降到 1.5 mg/L 以下，但企业难以承受处理成本，所以很难达标。

持续开展氟化物的监测分析与研究十分必要。在淮河流域地表水氟化物经常性超Ⅲ类的断面开展研究性监测工作，掌握氟化物浓度在不同尺度上与降水时空变化、岩土类型、地下水分布、土地利用方式的相关规律，进一步形成对氟化物超Ⅲ类断面及周边区域的分类清单，根据不同的环境本底特点开展生态降氟。此外，建议在淮河流域典型高氟区开展氟的环境生态毒性研究工作。在特定条件下，氟的形态会发生转化或释放，目前还难以确定其是否会直接或间接地通过食物链传递到人体，需要充分了解氟在地球化学循环过程中环境条件的变化，加强其对生物体毒性阈值的监测。

在淮河流域地表水环境中，氟化物仍然是主要的超标因子之一。淮河流域氟化物“本底”含量较高，新能源等行业发展中含氟材料的大规模生产和使用，氟排放风险增大。在“本底”和“人为”双重压力的叠加下，氟化物的污染与防控问题将会更加突出；同时，随着国际上对 PFAS 定义的扩大和管控的升级，相关行业去氟化将是大势所趋，但是氟化材料的替代是一大难题；此外，未来随着重要涉氟行业的设备和组件大规模退役，含氟材料的回收和避免氟污染将是另一个难题。

参考文献

[1] CLOWES F, COLEMAN J, DEXTER J. Quantitative chemical analysis: an intermediate text-book[M]. London:J. & A. Churchill,1931.

[2] SMITH M C, LANTZ E M, SMITH H V. The cause of mottled enamel, a defect of human teeth[M]. Tucson:University of Arizona,1931.

[3] DEAN H T. The investigation of physiological effects by the epidemiological method[J]. American Association for the Advancement of Science, 1942:23-31.

[4] 吴笃卿. 法国阿尔卑斯山地区氟化物的分布及通过河流转移情况[J]. 地方病译丛,1989(1):36-39.

[5] 何世春. 我国一些天然水中的氟[J]. 地理科学,1987(3):280-285+296.

[6] 刘松华,周静,武瑾. 苏州市阳澄湖地区氟污染来源及管控研究[J]. 绿色科技,2019(2):40-42.

[7] 何锦,安永会,韩双宝. 张掖市甘州区地下水中氟的分布规律和成因[J]. 水资源保护,2008(6):53-56.

[8] 周天骧. 塔里木河干流流域地下水氟的分布特征及形成高氟地下水的环境因素[J]. 干旱环境监测,1994(1):4-10+60.

[9] 张跃武,车胜华. 官厅水库氟化物污染分析[J]. 北京水务,2008(1):11-14.

[10] 陈吉吉,荆红卫,刘保献,等. 北京永定河冲洪积扇地下水氟化物分布特征及成因分析[J/OL]. 环境化学,1-10[2024-09-29].

[11] 何志润. 宁夏清水河流域氟化物(F^-)的分布特征及其影响因素研究[D]. 宁夏大学,2020.

[12] IJUMULANA J, LIGATE F, IRUNDE R, et al. Spatial variability of the sources and distribution of fluoride in groundwater of the Sanya alluvial plain aquifers in northern Tanzania[J]. Science of the Total Enviroment, 2022,810:152153.

[13] MALAGO J, MAKOBA E, MUZUKA A N N. Spatial distribution

of arsenic, boron, fluoride, and lead in surface and groundwater in Arumeru ddistrict, northern Tanzania[J]. Fluoride, 2020,53:53.

[14] 高树东.潍坊市地下水资源评价[D].河海大学,2005.

[15] 徐立荣,徐征和,常军.平度市地下水中氟的分布特征及其影响因素分析[J].中国农村水利水电,2012(7):42-44.

[16] 韩晔,郑玉萍,张涛,等.山东省高密市高氟区地球化学及水文地球化学特征[J].物探与化探,2013,37(6):1107-1113.

[17] 高宗军,张福存,安永会,等.山东高密高氟地下水成因模式与原位驱氟设想[J].地学前缘,2014,21(4):50-58.

[18] 万继涛,郝奇琛,巩贵仁,等.鲁西南地区高氟水分布规律与成因分析[J].现代地质,2013,27(2):448-453.

[19] 周世厥,张冬英,潘繁.安徽省土壤中氟分布的研究[J].农村生态环境,1999(4):34-36.

[20] 许光泉,刘进,朱其顺,等.安徽淮北平原浅层地下水中氟的分布特征及影响因素分析[J].水资源与水工程学报,2009,20(5):9-13.

[21] 蔡珩.安徽省阜阳地区地方性氟中毒环境水文地质调查及防治方向研究报告[R].安徽省地矿局第1水文工程地质队.1990.10.

[22] 李志刚.安徽省两淮地区地氟病地质环境调查及防治方向研究报告[R].安徽省地质环境监测总站.1992.12.

[23] 龚建师,叶念军,葛伟亚,等.淮河流域地氟病环境水文地质因素及防病方向的研究[J].中国地质,2010,37(3):633-639.

[24] 孟春霞,郑西来,王成见.平度市高氟地下水分布特征及形成机制研究[J].中国海洋大学学报(自然科学版),2019,49(11):111-119.

[25] 张新平,徐金欣,邢宝石,等.山东省高密市高氟区现状及高氟地下水形成机制探讨[J].山东国土资源,2007,23(10):23-26.

[26] 杨冬冬.山东省典型地区氟和碘元素的地球化学特征[D].中国地质大学(北京),2018.

[27] 徐立荣,徐征和,常军.平度市地下水中氟的分布特征及其影响因素分析[J].中国农村水利水电,2012(7):42-44.

[28] 李日邦,谭见安,王丽珍,等.我国不同地理条件下耕作土中的氟及其与地方性氟中毒的关系[J].地理研究,1985(1):30-41.

[29] 韩晔,郑玉萍,张涛,等.山东省高密市高氟区地球化学及水文地球化学特征[J].物探与化探,2013,37(6):1107-1113.

[30] 张婷婷，杨刚，张建国，等. 南水北调东线一期工程输水干线水质变化趋势分析[J]. 水生态学杂志，2022，43(1)：8-15.

[31] 曾凤连，杨刚，王萍，等. 淮河干流水环境质量时空变化特征及污染趋势分析[J]. 水生态学杂志，2021，42(5)：86-94.

[32] 吴泊人，王璐璐，赵卫东，等. 安徽省淮北平原浅层地下高氟水分布规律资源分析[J]. 合肥工业大学学报(自然科学版)，2010，33(12)：1862-1865.

[33] 中国地质调查局南京地质调查中心. 淮河流域环境地质调查成果报告[R]. 2008. 12.

[34] 中国地质调查局南京地质调查中心. 安徽省淮北市地下水资源调查评价成果报告[R]. 2014. 10.

[35] 中国地质调查局南京地质调查中心. 淮河流域地下水污染调查成果报告[R]. 2011. 12.

[36] 郝奇琛，石建，苏晨，等. 鲁西南高氟区生活饮用水供水模式研究[J]. 水文，2013，33(5)：39-45.

[37] 刘桂建，安徽省地下水环境状况调查评估-健康风险评估与综合研究[R]. 安徽省，中国科学技术大学，(2022-02-01).

[38] 左正金. 淮河流域(河南段)环境地质调查报告：第一，二册[R]. 河南省地质调查院，2007.

[39] 龚建师，叶念军，葛伟亚，等. 淮河流域地氟病环境水文地质因素及防病方向的研究[J]. 中国地质，2010，37(3)：633-639.

[40] 左俊，符超峰. 永城市浅层地下水氟化物健康风险评价及其富集原因分析[J]. 地球环境学报，2015，6(5)：323-329.

[41] 嵇晓燕，李波，杨凯，等. 中国地表水氟化物时空分布特征初步研究[J]. 地球与环境，2022，50(6)：787-796.

[42] 陈顺胜，郑华山，张海忠. 商丘市浅层地下水环境质量调查分析[J]. 治淮，2013.(12)：14-15.

[43] 朱昊宇，姬钰. 2011—2020 年淮河流域水资源变化特征研究[J]. 水利技术监督，2022，(3)：162-165+173.

[44] 张俊明，潘玉生. 安徽淮北平原土壤[M]. 上海：上海人民出版社，1975.

附件 1

地表水和地下水环境本底判定技术规定(暂行)

环办监测函〔2019〕895 号

1 适用范围

本规定明确了国家地表水和地下水(饮用水源)环境本底判定的原则、标准和程序等相关要求。

本规定适用于国家组织开展环境质量监测的地表水和地下水(饮用水源)环境本底判定,地方组织开展环境质量监测的湖库河流和地下水(饮用水源)可参照执行。

本规定不适用于其他形式地表水和地下水环境背景值等方面的监测、判定和研究。

2 规范性引用文件

本规定引用了下列文件中的条款。凡是不注明日期的引用文件,其最新版本适用于本规定。

地表水环境质量标准	GB 3838
地下水质量标准	GB/T 14848
水污染防治行动计划实施情况考核规定(试行)	环水体〔2016〕179 号
“十三五”国家地表水环境质量监测网设置方案	环监测〔2016〕30 号
国家地表水采测分离监测管理办法	环办〔2019〕2 号
国家地表水水质自动监测站运行管理办法	环办〔2019〕2 号

3 术语和定义

下列术语和定义适用于本规定。

3.1 环境本底 environmental background

一般是指自然环境在未受污染的情况下,各种环境要素中化学元素或化学物质的基线含量。亦指人类在某个区域进行某种社会活动行为之前的自然环境状态。

3.2 环境本底值 environmental background value

对未受人类社会活动行为影响的环境区域按照规定的监测程序针对特定的监测项目所测定的数据。

4 环境本底的判定

4.1 环境本底判定要求

4.1.1 不受人类社会活动或受人类活动影响较小区域的河流(段)、湖泊和地下水。例如,河流(段)主要分布在各主要流域(水系)上游;湖泊主要分布在高原内陆地区,无出湖河流的内流湖;或其他形式的水体。

4.1.2 地表水环境本底判定主要针对受到自然地理和地质条件影响较大的水体。

4.1.3 地下水环境本底判定主要针对受到地质条件影响较大的水体。

4.1.4 水体周边无影响环境本底的人为污染源汇入。

4.2 判定监测项目

地表水:以《地表水环境质量标准》24 项常规监测项目为基础,确定不受人类活动影响而产生的监测项目。

饮用水源:以《地表水环境质量标准》109 项和《地下水质量标准》93 项为基础,确定不受人类活动影响而产生的监测项目。

环境本底判定时应考虑区域内特征污染项目,可参考的监测项目如下:

(1) 地表水:pH、溶解氧、总磷、化学需氧量、高锰酸盐指数、氟化物等。

(2) 饮用水源:pH、氟化物、总硬度、Fe、Mn、As、Sb、硫酸盐、溶解性总固体(TDS)、硼、钼、铊、总 α 放射性、碘化物等。

4.3 判定标准

4.3.1 地表水水质评价和考核情况

地表水以《地表水环境质量标准》常规监测项目Ⅲ类水质标准限值为判定标准。

地表水型饮用水源以《地表水环境质量标准》常规监测项目Ⅲ类水质标准限值和补充项目、特定项目标准限值为判定标准。

地下水型饮用水源以《地下水质量标准》常规和非常规监测项目Ⅲ类水质标准限值为判定标准。

4.4 判定方法

(1) 当受环境本底值影响水体经常超过判定标准限值时可开展环境本底判

定。当环境本底值低于判定标准限值时可不进行环境本底判定。

(2) 在环境本底判定时，如果拟确定为环境本底的水体、监测项目和时段，需要证明超过判定标准限值的监测项目仅受自然地理条件和地质条件影响而非受人类社会活动影响(或影响较小)。否则不予判定。

5 环境本底判定程序及应用

5.1 判定程序

由各地方生态环境部门以文件形式向中国环境监测总站报送行政区域内的水环境本底判定申请，并附相关证明材料。证明材料需包括水环境本底情况报告及相关材料，专家评审意见等。

由中国环境监测总站会同各流域生态环境监测与科学研究中心根据地方提供的材料组织现场踏勘和专家论证，并报生态环境部备案同意。需建立环境本底动态更新调整机制，并组织环境本底评审。

5.2 环境本底值统计处理

地表水常规监测项目以《地表水环境质量标准》Ⅲ类标准限值替换为环境本底值进行统计计算(水质目标低于Ⅲ类时，以水质目标值替换)。

地表水补充项目和特定项目按标准限值替换为环境本底值进行统计计算。

地下水常规监测项目和非常规项目以《地下水质量标准》Ⅲ类标准限值替换为环境本底值进行统计计算。

5.3 环境本底应用

确定为环境本底的水体、监测断面(点位)及监测项目，按照确定的水体、断面(点位)、时段和监测项目，在城市地表水和饮用水源达标考核和城市排名等工作中根据实际情况可选择剔除自然本底的影响。但在全国地表水水质状况评价和饮用水源水质评价时直接参与评价，评价结果需要注明受环境本底的影响。

(资料性附录略)

附件 2

地表水环境质量受自然因素影响判定技术规定

环办监测函〔2024〕174 号

为支撑深入打好污染防治攻坚战，合理区分人为活动和自然因素对地表水环境质量的影响，更加科学地开展水环境质量评价、排名和考核工作，制定本规定。

1 适用范围

本规定明确了地表水环境质量受自然因素影响判定的条件、项目、标准、方法和工作程序等相关要求及数据应用方式。

本规定适用于地表水国控断面(点位)以及城市地表水型集中式饮用水水源地受自然因素影响的判定，一般包括环境本底和自然灾害影响。

其他地表水断面(点位)和饮用水水源地可参照执行。

2 主要依据

本规定引用了下列文件中的条款。凡是不注明日期的引用文件，其最新版本适用于本规定。

《地表水环境质量标准》 (GB 3838)

《生活饮用水卫生标准》 (GB 5749)

《地表水环境质量监测技术规范》 (HJ 91.2)

《地表水环境质量评价办法(试行)》 (环办〔2011〕22 号)

《水污染防治行动计划实施情况考核规定(试行)》 (环水体〔2016〕179 号)

《城市地表水环境质量排名技术规定(试行)》 (环办监测〔2017〕51 号)

《全国流域性洪水划分规定(试行)》 (水防〔2021〕153 号)

3 术语和定义

下列术语和定义适用于本规定。

3.1 环境本底

一般指自然环境在未受人为污染的情况下，各种环境要素中化学元素或化学物质的基线含量；或指人类在某个区域进行某种社会活动行为之前的自然环符合自然因素影响判定条件时，应及时提出取消申请。

生态环境部组织中国环境监测总站及相关流域生态环境监督管理局建立受自然因素影响断面（点位）和饮用水水源地档案清单，开展水环境质量跟踪分析和抽查复核，发现不符合自然因素影响判定条件时，取消认定。

6　监测数据应用

对于通过自然因素影响判定技术论证的断面（点位）和饮用水水源地，在进行水环境质量评价、城市排名和相关考核时，采用以下数据应用方式：

6.1　水环境质量评价

按照“实测实评”原则，采用实际监测数据进行水环境质量评价，客观反映水环境质量状况；当存在超标情况时，在评价报告中的相应位置加“ * ”标注，说明受自然因素影响。

6.2　排名和考核

确定为受自然因素影响的断面（点位）和饮用水水源地，按照确定的受影响时段和监测项目，在水环境质量城市排名和相关考核等工作中根据实际情况可选择剔除自然因素的影响。

受环境本底影响的断面（点位），当判定项目的监测数据超过《地表水环境质量标准》中Ⅲ类标准限值时，判定项目采用Ⅲ类标准限值作为浓度值计算城市水质指数；当断面（点位）水环境质量目标为Ⅲ类或Ⅱ类时，以水环境质量目标对应的标准限值作为浓度值计算城市水质指数。受自然灾害影响的断面（点位），可剔除相关时段水质监测数据后计算城市水质指数。

（资料性附录略）